安徽省一流教材建设项目

21 世纪高等院校数学规划教材

离散数学基础

王传玉　编著

北京大学出版社

PEKING UNIVERSITY PRESS

图书在版编目(CIP)数据

离散数学基础/王传玉编著. —北京：北京大学出版社，2021.8
21世纪高等院校数学规划教材
ISBN 978-7-301-32364-9

Ⅰ.①离…　Ⅱ.①王…　Ⅲ.①离散数学–高等学校–教材　Ⅳ.①O158

中国版本图书馆CIP数据核字（2021）第154670号

书　　　　名	离散数学基础
	LISAN SHUXUE JICHU
著作责任者	王传玉　编著
责 任 编 辑	曾琬婷
标 准 书 号	ISBN 978-7-301-32364-9
出 版 发 行	北京大学出版社
地　　　　址	北京市海淀区成府路205号　100871
网　　　　址	http://www.pup.cn　　新浪微博：@北京大学出版社
电 子 信 箱	zpup@pup.cn
电　　　　话	邮购部 010-62752015　发行部 010-62750672　编辑部 010-62754819
印 刷 者	大厂回族自治县彩虹印刷有限公司
经 销 者	新华书店
	787毫米×1092毫米　16开本　12.75印张　290千字
	2021年8月第1版　2021年8月第1次印刷
印　　　　数	0001—3000册
定　　　　价	42.00元

内 容 简 介

本书是应用型高等院校计算机科学与技术、人工智能、数据挖掘、区块链等专业本科"离散数学"课程的教材,内容包括四部分:第一部分数理逻辑(包括第 1 章命题逻辑和第 2 章谓词逻辑)、第二部分集合论初步(包括第 3 章集合代数、第 4 章二元关系和第 5 章函数)、第三部分代数结构(包括第 6 章代数结构和第 7 章格与布尔代数)、第四部分图论(包括第 8 章图论).本书是作者结合自己三十多年的教学经验与积累,并参考国内外同类优秀教材编写而成的,它注重基本知识和方法的应用,剔除了一些非必要的理论推导.本书的特色是:内容实用,叙述通俗易懂,例题典型丰富,非常适合应用型高等院校理工类的学生使用.

前　言

　　离散数学是现代数学的一个重要分支,它在各学科、领域,特别在计算机科学与技术、人工智能领域中有着广泛的应用.离散数学是随着计算机科学与技术的发展而逐步建立的,它形成于20世纪70年代初期,是一门新兴的工具性学科,主要研究离散量的结构及其相互关系.

　　"离散数学"是计算机科学与技术、人工智能、数据挖掘、区块链等专业的许多专业课程的先行课程,如"程序设计语言""数据结构""操作系统""编译技术""机器学习""数据库""算法设计与分析""理论计算机科学基础"等.通过"离散数学"的学习,不但可以掌握处理离散结构的工具和方法,为后续课程的学习创造条件,而且可以提高抽象思维和严格的逻辑推理能力,为将来参与创新性的研究和开发工作打下坚实的基础.

　　为了更好地适应计算机科学与技术、人工智能等专业发展和"离散数学"课程教学的需要,作者根据教育部关于高等院校理工类"离散数学"课程的教学要求,结合自己三十多年的教学经验与积累,编写了这部教材,其内容包括四部分:第一部分数理逻辑(包括第1章命题逻辑和第2章谓词逻辑)、第二部分集合论初步(包括第3章集合代数、第4章二元关系和第5章函数)、第三部分代数结构(包括第6章代数结构和第7章格与布尔代数)、第四部分图论(包括第8章图论).本书是作者在三十多年讲授"离散数学"课程讲义的基础上修订、补充而成的,被列入安徽省一流教材建设项目.在本书的编写过程中,对传统的"离散数学"教学内容和结构做了适当的调整,注重基本知识和方法的应用,剔除了一些非必要的理论推导,以切合应用型高等院校理工类学生的实际需求.本书的特色是:内容实用,叙述通俗易懂,例题典型丰富,非常适合应用型高等院校理工类的学生使用.

　　本书的编写参考了不少国内外同类优秀教材,在此向有关作者表示衷心的感谢! 另外,张玥、杨绪兵、王伟、何俊等老师在校对原稿时提出了许多宝贵意见,也向他们表示诚挚的谢意.

　　限于作者的水平,书中错误在所难免,诚恳希望广大同行和读者不吝指正!

作　者

2020 年 10 月

目　　录

第1章

命题逻辑

逻辑学是一门研究思维形式及思维规律的科学.数理逻辑是研究推理的数学分支,它是用数学方法来研究推理的规律.而这里的数学方法即为引入一套符号系统的方法,所以数理逻辑又称为符号逻辑,其最基本的内容为命题逻辑和谓词逻辑.本章介绍命题逻辑.

§1.1　命题与联结词

数理逻辑中的**命题**是一个或真或假,但两者不能同时具备的陈述语句.

作为命题的陈述句,它所表达的判断结果称为命题的**真值**. 真值只取两个值:真、假. 真值为假的命题称为**假命题**;真值为真的命题称为**真命题**. 任何命题的真值都是唯一的. 一切没有判断内容的句子、无所谓是非的句子,如疑问句、祈使句、感叹句等,都不能作为命题.

例 1.1　判断下列句子是否为命题:

(a) 5 是素数.

(b) 你会说英语吗?

(c) x 大于 y.

(d) 请不要随地吐痰!

(e) 本命题为假.

(f) 如果天气不好,那么我将在家读书.

解　(a),(f) 为命题;(b),(c),(d),(e) 不是命题,其中(e)还是悖论.

在命题逻辑中,对命题的成分不再细分,因而命题就成为命题逻辑中最基本、最小的研究单位. 为了研究方便,需对命题和它的真值进行符号化. 通常用大写英文字母 $P,Q,R,\cdots,P_i,Q_i,R_i,\cdots$ 表示命题,而用"0"表示"假","1"表示"真". 于是,命题的真值为 0 或 1. 在例 1.1 中,用 P,Q 分别表示命题(a),(f),其表示法如下:

P:5 是素数;

Q:如果天气不好,那么我将在家读书.

可见,P 的真值为 1,Q 的真值暂时不知道.

有些命题不能分解为更简单的陈述句,称这样的命题为**原子命题**或**简单命题**. 例如,例 1.1 中的命题(a)就是原子命题,但是在各种论述和推理中,所出现的命题大多数不是原子命题,而是由原子命题通过逻辑联结词(简称**联结词**)、标点符号组合构成的陈述句,称这样的命题为**复合命题**. 例如,例 1.1 中的命题(f)就是复合命题.

注意　P,Q,R 等也可以表示任意命题,此时它们为命题变元,但不是真正的命题,除非将它们换成具体的命题;分别用 T,F 来表示真命题和假命题,并称它们为**命题常元**.

由于复合命题主要是由原子命题与联结词组合而成的,故联结词是复合命题的重要组成部分.在命题演算中,联结词就是运算符号,运算对象为命题或命题变元,运算结果为复合命题或命题公式.在命题逻辑中,必须给出联结词的严格定义,并且将它们符号化.下面给出常用的五种联结词及其相应的符号,它们可以表达可能情况下的一切命题.

定义 1.1 设 P 为命题,"P 的否定"为一个复合命题,记为 $\neg P$,读作"非 P".称复合命题 $\neg P$ 为 P 的**否定式**,其中符号 $\neg$ 称为**否定联结词**.

$\neg P$ 的逻辑关系是 P 不真:若 P 取 0,则 $\neg P$ 取 1;若 P 取 1,则 $\neg P$ 取 0.

用运算对象的真值,决定一个应用运算符的命题的真值,列成表格形式,称这种表格为**真值表**.否定联结词 $\neg$ 的真值表如表 1-1 所示.

表 1-1

P	$\neg P$
0	1
1	0

例 1.2 若 P:王浩是三好生,则 $\neg P$:王浩不是三好生.

例 1.3 若 Q:这些人都是男生,则 $\neg Q$:这些人不都是男生.

定义 1.2 设 P,Q 为两个命题,称复合命题"P 并且 Q"(或"P 与 Q")为 P 与 Q 的**合取式**,记作 $P \wedge Q$,其中符号 $\wedge$ 称为**合取联结词**.

$P \wedge Q$ 的逻辑关系是 P 与 Q 同时为真,因而只有 P 与 Q 同时为真时,$P \wedge Q$ 才为真.

合取联结词 $\wedge$ 的真值表如表 1-2 所示.

表 1-2

P	Q	$P \wedge Q$
0	0	0
0	1	0
1	0	0
1	1	1

例 1.4　若 P：张强聪明，Q：张强用功，则 $P \wedge Q$：张强既聪明又用功.

定义 1.3　设 P,Q 为两个命题，称复合命题"P 或 Q"为 P 与 Q 的析取式，记作 $P \vee Q$，其中符号 $\vee$ 称为析取联结词.

$P \vee Q$ 的逻辑关系是 P 与 Q 至少有一个为真，因而只有 P 与 Q 同时为假时，$P \vee Q$ 才为假. 但是，自然语言中的"或"具有二义性，用它联结的命题有时具有相容性，有时具有排斥性，对应的联结词分别称为相容或和排斥或.

析取联结词 $\vee$ 的真值表如表 1-3 所示.

表　1-3

P	Q	$P \vee Q$
0	0	0
0	1	1
1	0	1
1	1	1

例 1.5　设 P：李明在看书，Q：李明在听音乐，则 $P \vee Q$：李明在看书或听音乐.

例 1.6　设 P：王晓是中国人，Q：王晓是英国人，则 $P \vee Q$：王晓是中国人或英国人.

定义 1.4　设 P,Q 为两个命题，称复合命题"如果 P，那么 Q"为 P 与 Q 的条件式，记作 $P \rightarrow Q$，其中符号 $\rightarrow$ 称为条件联结词，运算对象 P 称为条件式的前件，运算对象 Q 称为条件式的后件.

$P \rightarrow Q$ 的逻辑关系是 Q 为 P 的必要条件.

条件联结词 $\rightarrow$ 的真值表如表 1-4 所示.

表　1-4

P	Q	$P \rightarrow Q$
0	0	1
0	1	1
1	0	0
1	1	1

例 1.7 若 P：我得到奖学金，Q：我买书，则 $P \to Q$：如果我得到奖学金，那么我买书.

对于复合命题 $P \to Q$，还有多种等价的描述方式，例如"若 P，则 Q""只要 P，就 Q""只有 Q，才 P""除非 Q，才 P""除非 Q，否则非 P"等.

若称复合命题 $P \to Q$ 为原命题，则称 $Q \to P$ 为其逆命题，$\neg P \to \neg Q$ 为其否命题，而 $\neg Q \to \neg P$ 为其逆否命题.

定义 1.5 设 P,Q 为两个命题，称复合命题"P 当且仅当 Q"为 P 与 Q 的**双条件式**，记作 $P \leftrightarrow Q$，其中符号 $\leftrightarrow$ 称为**双条件联结词**.

$P \leftrightarrow Q$ 的逻辑关系是 P 与 Q 互为充要条件.$(P \to Q) \wedge (Q \to P)$ 与 $P \leftrightarrow Q$ 的逻辑关系完全一致，都表示 P 与 Q 互为充要条件.

双条件联结词 $\leftrightarrow$ 的真值表如表 1-5 所示.

表 1-5

P	Q	$P \leftrightarrow Q$
0	0	1
0	1	0
1	0	0
1	1	1

例 1.8 设 P：两个圆 O_1,O_2 的面积相等，Q：两个圆 O_1,O_2 的半径相等，则 $P \leftrightarrow Q$：如果两个圆 O_1,O_2 的面积相等，那么它们的半径相等，反之亦然.

以上定义了五种最基本、最重要的联结词：$\neg$，$\wedge$，$\vee$，$\to$，$\leftrightarrow$.这五种联结词的意义由其真值表唯一确定，而不由命题的含义确定，因此要求熟练掌握它们的真值表.

利用联结词可以将一些语句符号化.例如，设 P：明天下雨，Q：明天下雪，R：我去学校，则语句"明天我将雨雪无阻去学校"可以表示成
$$(P \wedge Q \wedge R) \vee (\neg P \wedge Q \wedge R) \vee (P \wedge \neg Q \wedge R).$$

更重要的是，可以利用联结词将一般的复合命题符号化.通常的做法是：先找出复合命题中所有原子命题，再依题意选取适当的联结词.例如，对于复合命题"我既不看电视，也不外出，而是睡觉"，令 P：我看电视，Q：我外出，R：我睡觉，则此复合命题可用 $\neg P \wedge \neg Q \wedge R$ 来表达.

习题 1.1

1. 判断下列语句哪些是命题,哪些不是命题,如果是命题,指出其真值:

(a) "离散数学"是计算机科学与技术专业的一门必修课.

(b) 5 是素数吗?

(c) 请勿吸烟!

(d) 圆的面积等于半径的平方乘以 π.

2. 给出下列命题的否定:

(a) 明天天气好,并且我去锻炼;

(b) 如果你去踢球,那么我也去踢球.

3. 将下列复合命题分解成若干原子命题,并找出适当的联结词:

(a) 若地球上没有水和空气,则人类不能生存;

(b) 他是运动员或大学生;

(c) 如果你不努力,那么考试将不通过;

(d) 除非下大雨,否则他不乘公交车上班.

§1.2 命题公式

　　简单命题通过联结词可形成复合命题.设 P 和 Q 是任意两个命题,则 $\neg P, P \wedge Q, P \vee Q, P \rightarrow Q, P \leftrightarrow Q$ 等都是复合命题,皆有真值.这种只使用一次联结词的复合命题称为**基本复合命题**.而对于多次使用联结词的复合命题,通常称它们为**复杂复合命题**.若 P 和 Q 均为命题变元,则上述各式都将变成命题公式,真值皆不确定.只有将命题公式中的命题变元用确定的命题代入时,才得到一个命题.

　　用联结词和圆括号将命题变元按一定的逻辑关系联结起来的符号串,称为**命题公式**.当使用联结词集合 $\{\neg, \wedge, \vee, \rightarrow, \leftrightarrow\}$ 中的联结词时,命题公式定义如下:

　　定义 1.6　(a) 单个命题变元是命题公式;

　　(b) 若 A 是命题公式,则 $(\neg A)$ 也是命题公式;

　　(c) 若 A, B 是命题公式,则 $(A \wedge B), (A \vee B), (A \rightarrow B), (A \leftrightarrow B)$ 也是命题公式;

(d) 只有有限次应用(a),(b),(c)所得到的符号串才是命题公式;

在不引起混淆的情况下,也将命题公式简称为公式.

由定义1.6可知,$(P \rightarrow Q) \vee (P \wedge Q)$,$(P \vee Q) \wedge (\neg P \rightarrow R)$ 等都是公式,而 $PQ \leftrightarrow \neg R$,$(P \rightarrow Q, \wedge P \rightarrow \neg Q$ 等都不是公式.

在命题公式中,由于有命题变元的出现,因而真值是不确定的.将命题公式中出现的全部命题变元都解释成具体的命题之后,命题公式就成为真值确定的命题.例如,公式 $(\neg P \wedge Q) \rightarrow R$ 中含有三个命题变元 P,Q,R,当它们用具体的命题代入时,此公式就成为命题.

一般地,一个公式含有 n 个命题变元时,可设它们为 $P_1,P_2,\cdots,P_n$.

为了减少使用圆括号的数量,约定最外层的圆括号可以省略,同时规定联结词的优先次序为 $\neg,\wedge,\vee,\rightarrow,\leftrightarrow$,而圆括号的优先级别最高.

若公式 B 为公式 A 的一部分,则称 B 为 A 的子公式.而在任一公式中,每个联结词都有其相应的作用范围,即紧接该联结词的最小子公式,称之为该联结词的辖区,其中左边的辖区称为左辖区,右边的辖区称为右辖区.

例1.9 求公式 $\neg(P \vee \neg(Q \rightarrow \neg R))$ 中每个联结词的辖区.

解 第一个 $\neg$ 的辖区为 $P \vee \neg(Q \rightarrow \neg R)$,$\vee$ 的左、右辖区分别为 $P,\neg(Q \rightarrow \neg R)$,第二个 $\neg$ 的辖区为 $Q \rightarrow \neg R$,$\rightarrow$ 的左、右辖区分别为 $Q,\neg R$,第三个 $\neg$ 的辖区为 R.

 习题 1.2

1. 判别下列各式哪些是命题公式,哪些不是命题公式:

(a) $P \wedge Q \rightarrow \neg R$;　　　　(b) $(P \leftrightarrow (\neg Q \rightarrow R))$;

(c) $(P \rightarrow (Q \rightarrow R))$;　　　　(d) $PQ \rightarrow \neg R$.

2. 将下列命题符号化,并讨论各命题的真值:

(a) 今天是星期六当且仅当明天是星期日.

(b) 如果下午不下雨,我就去图书馆;否则,我就在宿舍读书或看电视.

§1.3 真值表和等价公式

设 $P_1,P_2,\cdots,P_n$ 是公式 A 中全部的命题变元,给 $P_1,P_2,\cdots,P_n$ 各

指定一个真值,称为对 A 的一个赋值或解释.对于 A 各种不同的赋值,其结果不是得到真命题,就是得到假命题.指定 $P_1,P_2,\cdots,P_n$ 的一组值,若使得 A 的真值为 0,则称这组值为 A 的成假赋值;若使得 A 的真值为 1,则称这组值为 A 的成真赋值.易知,含有 n 个命题变元的公式共有 2^n 种不同的赋值.

定义 1.7　将公式 A 在所有赋值下取值的情况列成表,称之为 A 的真值表.

命题公式的真值表是建立在联结词的真值表基础上的,同时也是后续内容的基础.

构造公式 A 的真值表的具体步骤如下:

① 找出 A 中全部命题变元 $P_1,P_2,\cdots,P_n$(若无下角标,就按字典顺序排列),列出 2^n 种赋值,并规定赋值从 $00\cdots0$ 开始,然后按二进制加法依次写出各赋值,直到 $11\cdots1$ 为止;

② 按从小到大的顺序写出每个子公式;

③ 对应各个赋值计算出各子公式的真值,直到最后计算出 A 的真值.

按以上步骤,可以构造出任何含有 n 个命题变元的公式的真值表.

例 1.10　计算公式 $(\neg P \leftrightarrow Q) \rightarrow (P \wedge \neg Q)$ 的真值表.

解　该公式是含有两个命题变元的公式,它的真值表如表 1-6 所示.

表　1-6

P	Q	$\neg P$	$\neg Q$	$\neg P \leftrightarrow Q$	$P \wedge \neg Q$	$(\neg P \leftrightarrow Q) \rightarrow (P \wedge \neg Q)$
0	0	1	1	0	0	1
0	1	1	0	1	0	0
1	0	0	1	1	1	1
1	1	0	0	0	0	1

从表 1-6 可知,该公式的成假赋值为 01,其余 3 种赋值都是成真赋值.

一般地,若一个公式含有 n 个命题变元,则在其真值表中,命题变元的所有指派组合应有 2^n 种,也即真值表中应有 2^n 行,命题公式也就有 2^n 种真值情况.

根据命题公式在各种赋值下的取值情况,可以按下述定义将命题公式进行分类.

定义 1.8 设 A 为任一命题公式.

（a）若 A 在它的各种赋值下取值均为真,则称 A 是**重言式**或**永真式**；

（b）若 A 在它的各种赋值下取值均为假,则称 A 是**矛盾式**或**永假式**；

（c）若 A 不是矛盾式,则称 A 是**可满足式**.

从定义 1.7 和定义 1.8 可知,利用真值表不但能准确地给出命题公式的成真赋值和成假赋值,而且能判断命题公式的类型.

例 1.11 （a）例 1.10 中的公式是非重言式的可满足式；

（b）公式 $(P{\to}Q){\leftrightarrow}(\neg Q{\to}\neg P)$ 是重言式；

（c）公式 $(P{\wedge}Q){\wedge}\neg P$ 为矛盾式.

含有 n 个命题变元的命题公式形式各异,这些命题公式的真值表是否有无穷多种不同的情况？回答是否定的.

定义 1.9 设 A,B 是两个命题公式,且含有相同的命题变元.若 A,B 的真值表相同,则称 A 与 B **逻辑等价**（简称**等价**）,记作 $A{\Leftrightarrow}B$.

通常称 $A{\Leftrightarrow}B$ 为一个**等价式**.

两个命题公式 A,B 等价的另外一种说明方法是:公式 $A{\leftrightarrow}B$ 为重言式.

例 1.12 证明:
$$P{\vee}Q{\Leftrightarrow}Q{\vee}P, \quad P{\to}Q{\Leftrightarrow}\neg P{\vee}Q.$$

证明 利用真值表（表 1-7）易知结论成立.

表 1-7

P	Q	$P{\vee}Q$	$Q{\vee}P$	$P{\to}Q$	$\neg P{\vee}Q$
0	0	0	0	1	1
0	1	1	1	1	1
1	0	1	1	0	0
1	1	1	1	1	1

虽然利用真值表可以判断任何两个命题公式是否等价,但是当命题变元较多时,计算量是很大的.这时,可以先用真值表验证一个基本

且重要的等价式,再以它为基础进行命题公式之间的演算,来判断命题公式之间是否等价.

命题结构中有关 ¬,∨,∧ 的运算具有许多良好的性质:

(a) 双重否定律:
$$P \Leftrightarrow \neg(\neg P);$$

(b) 幂等律:
$$P \Leftrightarrow P \vee P, \quad P \Leftrightarrow P \wedge P;$$

(c) 交换律:
$$P \vee Q \Leftrightarrow Q \vee P, \quad P \wedge Q \Leftrightarrow Q \wedge P;$$

(d) 结合律:
$$(P \vee Q) \vee R \Leftrightarrow P \vee (Q \vee R), \quad (P \wedge Q) \wedge R \Leftrightarrow P \wedge (Q \wedge R);$$

(e) 分配律:
$$P \vee (Q \wedge R) \Leftrightarrow (P \vee Q) \wedge (P \vee R) \quad (\vee \text{对} \wedge \text{的分配律}),$$
$$P \wedge (Q \vee R) \Leftrightarrow (P \wedge Q) \vee (P \wedge R) \quad (\wedge \text{对} \vee \text{的分配律});$$

(f) 德摩根律:
$$\neg(P \vee Q) \Leftrightarrow \neg P \wedge \neg Q, \quad \neg(P \wedge Q) \Leftrightarrow \neg P \vee \neg Q;$$

(g) 吸收律:
$$P \vee (P \wedge Q) \Leftrightarrow P, \quad P \wedge (P \vee Q) \Leftrightarrow P.$$

有关条件联结词 →,↔ 的运算也具有许多性质:

(h) 条件等价式:
$$P \rightarrow Q \Leftrightarrow \neg P \vee Q;$$

(i) 等价等值式:
$$P \leftrightarrow Q \Leftrightarrow (P \rightarrow Q) \wedge (Q \rightarrow P);$$

(j) 假言易位:
$$P \rightarrow Q \Leftrightarrow \neg Q \rightarrow \neg P;$$

(k) 等价否定等值式:
$$P \leftrightarrow Q \Leftrightarrow \neg Q \leftrightarrow \neg P;$$

(l) 归谬论:
$$(P \rightarrow Q) \wedge (P \rightarrow \neg Q) \Leftrightarrow \neg P$$

由已知的等价式可以推演出更多等价式,我们称此过程为**等值演算**.等值演算是布尔代数或逻辑代数的重要组成部分.

在等值演算过程中,要不断地使用如下重要规则:

置换规则 设 $F(A)$ 是含有公式 A 的命题公式,$F(B)$ 是用公式 B 置换 $F(A)$ 中所有的 A 后得到的命题公式.若 $B \Leftrightarrow A$,则 $F(B) \Leftrightarrow F(A)$.

例如,有
$$(\neg Q \rightarrow \neg P) \rightarrow R \Leftrightarrow (P \rightarrow Q) \rightarrow R \Leftrightarrow (\neg P \lor Q) \rightarrow R.$$

容易验证,命题公式之间的等价关系具有自反性、对称性和传递性.

例 1.13 利用等值演算,验证如下等价式:
$$(P \lor Q) \rightarrow R \Leftrightarrow (P \rightarrow R) \land (Q \rightarrow R).$$

解 $(P \lor Q) \rightarrow R \Leftrightarrow \neg (P \lor Q) \lor R \Leftrightarrow (\neg P \land \neg Q) \lor R$
$$\Leftrightarrow (\neg P \lor R) \land (\neg Q \lor R) \Leftrightarrow (P \rightarrow R) \land (Q \rightarrow R).$$

利用等值演算还可以判断公式的类型. 例如,因为
$$(P \rightarrow Q) \land P \rightarrow Q \Leftrightarrow (\neg P \lor Q) \land P \rightarrow Q$$
$$\Leftrightarrow ((\neg P \land P) \lor (Q \land P)) \rightarrow Q$$
$$\Leftrightarrow \neg (Q \land P) \lor Q$$
$$\Leftrightarrow (\neg Q \lor \neg P) \lor Q$$
$$\Leftrightarrow \mathrm{T} \lor \neg P \Leftrightarrow \mathrm{T},$$

所以公式$(P \rightarrow Q) \land P \rightarrow Q$是重言式.

 习题 1.3

1. 构造真值表,判断下列公式的类型:

(a) $P \rightarrow (P \rightarrow Q)$;　　　　(b) $(P \rightarrow (P \lor Q)) \land R$.

2. 利用等值演算判断下列公式的类型:

(a) $(P \rightarrow Q) \land P \rightarrow P$;　　　　(b) $\neg (P \rightarrow (P \lor Q)) \land R$.

3. 若公式 $P \rightarrow Q$ 为假,讨论公式$(\neg P \lor Q) \rightarrow Q$的真值.

4. 利用等值演算验证下列等价式:

(a) $\neg (P \rightarrow Q) \Leftrightarrow (P \land \neg Q)$;

(b) $\neg (P \leftrightarrow Q) \Leftrightarrow ((P \land \neg Q) \lor (\neg P \land Q))$.

5. 将下列命题符号化,并写出其否定形式:

(a) 天气晴朗,但我没去上学;

(b) 如果我没有生病,则我去锻炼.

§1.4 永真蕴含式

定义 1.10　设 A,B 是两个命题公式. 若公式 $A \rightarrow B$ 是重言式,则称 A 永真蕴含 B,记作 $A \Rightarrow B$. 这时也将 $A \Rightarrow B$ 称为永真蕴含式.

例 1.14　证明:$\neg Q \wedge (P \rightarrow Q) \Rightarrow \neg P$.

证明　记 $A = \neg Q \wedge (P \rightarrow Q)$,$B = \neg P$,则

$$A \rightarrow B \Leftrightarrow (\neg Q \wedge (P \rightarrow Q)) \rightarrow \neg P$$
$$\Leftrightarrow (\neg Q \wedge (\neg P \vee Q)) \rightarrow \neg P$$
$$\Leftrightarrow (\neg Q \wedge \neg P) \rightarrow \neg P$$
$$\Leftrightarrow \neg (\neg Q \wedge \neg P) \vee \neg P$$
$$\Leftrightarrow (Q \vee P) \vee \neg P$$
$$\Leftrightarrow Q \vee T$$
$$\Leftrightarrow T.$$

所以,$A \rightarrow B$ 是重言式,从而

$$\neg Q \wedge (P \rightarrow Q) \Rightarrow \neg P.$$

以下各式是常见且重要的永真蕴含式:

(a) $(P \wedge Q) \Rightarrow P$;　　　　　(b) $(P \wedge Q) \Rightarrow Q$;

(c) $P \Rightarrow (P \vee Q)$;　　　　　(d) $Q \Rightarrow (P \vee Q)$;

(e) $\neg P \Rightarrow (P \rightarrow Q)$;　　　　(f) $\neg (P \rightarrow Q) \Rightarrow P$;

(g) $(\neg P \wedge (P \vee Q)) \Rightarrow Q$;　(h) $(P \wedge (P \rightarrow Q)) \Rightarrow Q$;

(i) $(\neg Q \wedge (P \rightarrow Q)) \Rightarrow \neg P$;

(j) $((P \rightarrow Q) \wedge (Q \rightarrow R)) \Rightarrow (P \rightarrow R)$.

证明以上各式,可用等值演算的方法,也可用真值表法(即利用真值表进行验证或说明).

由 §1.3 中的每个等价式皆能得到两个永真蕴含式. 事实上,有

$$A \Leftrightarrow B \text{ 当且仅当 } A \Rightarrow B \text{ 且 } B \Rightarrow A.$$

设 A,B,C 均为命题公式. 永真蕴含式具有以下性质:

(a) 若 $A \Rightarrow B$,且 A 为重言式,则 B 也为重言式;

(b) 若 $A \Rightarrow B$,$B \Rightarrow C$,则 $A \Rightarrow C$;

(c) 若 $A \Rightarrow B$,$A \Rightarrow C$,则 $A \Rightarrow (B \wedge C)$;

(d) 若 $A \Rightarrow B$,$C \Rightarrow B$,则 $(A \vee C) \Rightarrow B$.

习题 1.4

1. 证明下列各式为重言式：

(a) $(Q \land (Q \to R)) \to R$；　　　(b) $\neg P \to (P \to Q)$；

(c) $((P \to Q) \land (Q \to R)) \to (P \to R)$.

2. 利用等值演算，证明下列永真蕴含式：

(a) $(P \to Q) \to Q \Rightarrow P \lor Q$；　　(b) $(Q \to P) \Rightarrow Q \to (P \land Q)$；

(c) $R \Rightarrow P \lor Q \lor \neg P$；　　　(d) $P \Rightarrow (\neg P \to Q)$.

§1.5　其他联结词

我们已经学习了五种常用的联结词，但仅利用这五种联结词，要想直接表达所有命题及命题间的联系是困难的，有必要再定义一些联结词. 另外，是否存在一个较小的联结词集合，它具有这五种联结词的全部功能？

定义 1.11　设 P, Q 为两个命题，复合命题"P 排斥或 Q"称为 P 与 Q 的**排斥析取式**，记作 $P \overline{\lor} Q$，其中 $\overline{\lor}$ 称为**排斥析取联结词**.

从定义 1.11 可知

$$P \overline{\lor} Q \Leftrightarrow (P \land \neg Q) \lor (\neg P \land Q),$$

于是排斥析取联结词 $\overline{\lor}$ 的真值表如表 1-8 所示.

表　1-8

P	Q	$P \overline{\lor} Q$
0	0	0
0	1	1
1	0	1
1	1	0

可见，复合命题 $P \overline{\lor} Q$ 为真当且仅当 P 与 Q 的真值只有一个为 1. 从上述定义可知排斥析取联结词 $\overline{\lor}$ 具有以下**性质**：

设 P, Q, R 为三个命题，则有

(a) $P \overline{\lor} Q \Leftrightarrow Q \overline{\lor} P$；

(b) $(P \overline{\lor} Q) \overline{\lor} R \Leftrightarrow P \overline{\lor} (Q \overline{\lor} R)$；

(c) $P \land (Q \overline{\lor} R) \Leftrightarrow (P \land Q) \overline{\lor} (P \land R)$；

(d) $(P\overline{\vee}Q)\Leftrightarrow(P\wedge\neg Q)\vee(\neg P\wedge Q)$;

(e) $(P\overline{\vee}Q)\Leftrightarrow\neg(P\leftrightarrow Q)$;

(f) $P\overline{\vee}P\Leftrightarrow F,F\overline{\vee}P\Leftrightarrow P,T\overline{\vee}P\Leftrightarrow\neg P$.

例 1.15 将命题"李山只能挑选 101 房间或 201 房间"符号化.

解 先将原子命题符号化:

P:李山挑选 101 房间;

Q:李山挑选 201 房间.

再将所给命题符号化为 $P\overline{\vee}Q$ 或 $(P\wedge\neg Q)\vee(\neg P\wedge Q)$.

定义 1.12 设 P,Q 为两个命题,复合命题"P 与 Q 的条件式的否定式"可记作 $P\not\to Q$,其中 $\not\to$ 称为条件否定联结词.

从定义 1.12 可知

$$P\not\to Q\Leftrightarrow\neg(P\to Q),$$

故条件否定联结词 $\not\to$ 的真值表如表 1-9 所示.

表   1-9

P	Q	$P\not\to Q$
0	0	0
0	1	0
1	0	1
1	1	0

定义 1.13 设 P,Q 为两个命题,复合命题"P 与 Q 的合取式的否定式"称作 P 与 Q 的与非式,记作 $P\uparrow Q$,其中符号 $\uparrow$ 称作与非联结词.

从定义 1.13 可知

$$P\uparrow Q\Leftrightarrow\neg(P\wedge Q),$$

所以与非联结词 $\uparrow$ 的真值表如表 1-10 所示.

表   1-10

P	Q	$P\uparrow Q$
0	0	1
0	1	1
1	0	1
1	1	0

与非联结词 $\uparrow$ 具有如下性质:

(a) $P \uparrow P \Leftrightarrow \neg (P \wedge P) \Leftrightarrow \neg P$;

(b) $(P \uparrow Q) \uparrow (P \uparrow Q) \Leftrightarrow \neg (P \uparrow Q) \Leftrightarrow P \wedge Q$;

(c) $(P \uparrow P) \uparrow (Q \uparrow Q) \Leftrightarrow \neg P \uparrow \neg Q \Leftrightarrow \neg (\neg P \wedge \neg Q) \Leftrightarrow P \vee Q$.

定义 1.14 设 P, Q 为两个命题,复合命题"P 或 Q 的否定式"称作 P 与 Q 的或非式,记作 $P \downarrow Q$,其中符号 $\downarrow$ 称作或非联结词.

从定义 1.14 可知

$$P \downarrow Q \Leftrightarrow \neg (P \vee Q),$$

所以或非联结词 $\downarrow$ 的真值表如表 1-11 所示.

表　1-11

P	Q	$P \downarrow Q$
0	0	1
0	1	0
1	0	0
1	1	0

或非联结词 $\downarrow$ 具有如下性质:

(a) $P \downarrow P \Leftrightarrow \neg (P \vee P) \Leftrightarrow \neg P$;

(b) $(P \downarrow Q) \downarrow (P \downarrow Q) \Leftrightarrow \neg (P \downarrow Q) \Leftrightarrow P \vee Q$;

(c) $(P \downarrow P) \downarrow (Q \downarrow Q) \Leftrightarrow \neg P \downarrow \neg Q \Leftrightarrow \neg (\neg P \vee \neg Q) \Leftrightarrow P \wedge Q$.

现在我们又学习了四种联结词:$\overline{\vee}, \nrightarrow, \uparrow, \downarrow$. 对于包含这些联结词的命题公式,其定义可扩充如下:

(a) 单个命题变元本身是命题公式;

(b) 若 A 是命题公式,则 $(\neg A)$ 也是命题公式;

(c) 若 A, B 是命题公式,则 $(A \wedge B), (A \vee B), (A \rightarrow B), (A \leftrightarrow B), (A \overline{\vee} B), (A \nrightarrow B), (A \uparrow B), (A \downarrow B)$ 也是命题公式.

(d) 只有有限次应用(a),(b),(c)所得到的符号串才是命题公式.

我们仍可以定义新的联结词. 联结词在命题演算中可以通过真值表进行定义. 两个命题变元,恰可构成 $2^4 = 16$ 个不等价的命题公式 $A_i (i = 1, 2, \cdots, 16)$,如表 1-12 所示.

表　1-12

P	Q	A_1	A_2	A_3	A_4	A_5	A_6	A_7	A_8	A_9	A_{10}	A_{11}	A_{12}	A_{13}	A_{14}	A_{15}	A_{16}
0	0	1	0	0	0	1	1	0	1	0	1	1	0	1	0	1	0
0	1	1	0	0	1	1	0	0	1	1	0	1	0	0	1	0	1
1	0	1	0	1	0	0	1	0	1	1	0	0	1	0	1	1	0
1	1	1	0	1	1	0	0	1	0	1	0	1	0	1	0	1	0

从表 1-12 可以分析出,除命题常元 T,F 及命题变元本身外,表示这 16 个不等价的命题公式,一共需前面已介绍的九种联结词就足够了.

定义 1.15　设 S 是一个联结词集合.若用 S 中联结词组成的公式足以将一切命题公式等价地表达出来,则称 S 是**联结词完备集**(简称**完备集**).

利用等价式

$$P \to Q \Leftrightarrow \neg P \vee Q,$$

$$P \leftrightarrow Q \Leftrightarrow (P \vee \neg Q) \wedge (\neg P \vee Q),$$

$$P \overline{\vee} Q \Leftrightarrow \neg (P \leftrightarrow Q) \Leftrightarrow (P \wedge \neg Q) \vee (\neg P \wedge Q),$$

$$P \not\to Q \Leftrightarrow \neg (P \to Q) \Leftrightarrow P \wedge \neg Q,$$

$$P \uparrow Q \Leftrightarrow \neg (P \wedge Q),$$

$$P \downarrow Q \Leftrightarrow \neg (P \vee Q),$$

我们可以得出结论:$S = \{\neg, \wedge, \vee\}$ 是完备集.以下联结词集合也都是完备集:

(a) $S_1 = \{\neg, \wedge, \vee, \to\}$;

(b) $S_2 = \{\neg, \wedge, \vee, \to, \leftrightarrow\}$;

(c) $S_3 = \{\neg, \wedge\}$;

(d) $S_4 = \{\neg, \vee\}$;

(e) $S_5 = \{\neg, \to\}$.

最常用的完备集是 $\{\neg, \wedge, \vee\}$.

设 S_1 和 S_2 是两个不同的完备集,则 S_1 中联结词构成的任何公式可以等值转化成 S_2 中联结词构成的公式,反之亦然.于是,人们可以构造只含有某确定完备集中联结词的公式的形式系统.

例 1.16　试将公式 $P \wedge (P \to Q)$ 化成只含有两种联结词 $\wedge, \neg$ 的等价公式.

解　$P \wedge (P \to Q) \Leftrightarrow P \wedge (\neg P \vee Q) \Leftrightarrow P \wedge \neg (P \wedge \neg Q).$

注意到 $\{\neg, \wedge\}$ 是完备集.能否将完备集缩小为只含有一个联结词的集合呢? 回答是肯定的.

事实上,$\{\uparrow\}, \{\downarrow\}$ 就是两个只含有一个联结词的完备集.这是因为

$$\neg P \Leftrightarrow P \uparrow P,$$

$$P \wedge Q \Leftrightarrow \neg (P \uparrow Q) \Leftrightarrow (P \uparrow Q) \uparrow (P \uparrow Q),$$

$$P \vee Q \Leftrightarrow \neg P \uparrow \neg Q \Leftrightarrow (P \uparrow P) \uparrow (Q \uparrow Q);$$

$$\neg P \Leftrightarrow P \downarrow P,$$
$$P \lor Q \Leftrightarrow \neg(P \downarrow Q) \Leftrightarrow (P \downarrow Q) \downarrow (P \downarrow Q),$$
$$P \land Q \Leftrightarrow \neg P \downarrow \neg Q \Leftrightarrow (P \downarrow P) \downarrow (Q \downarrow Q).$$

习题 1.5

1. 把下列公式用只含有两种联结词 $\neg, \lor$ 的等价公式来表达, 并要尽可能简单:

(a) $(P \land Q) \land \neg P$; 　　　 (b) $(P \to (Q \lor \neg P)) \land Q$.

2. 将下列公式化成与之等价且只含有两种联结词 $\neg, \land$ 的公式:

(a) $P \land \neg Q \lor \neg R$; 　　　 (b) $(P \leftrightarrow Q) \land R$.

3. 用联结词 $\downarrow$ 表达下列公式:

(a) $\neg P \lor Q$; 　　　 (b) $P \land \neg Q$.

4. 证明:

(a) $\neg(P \uparrow Q) \Leftrightarrow \neg P \downarrow \neg Q$, $\neg(P \downarrow Q) \Leftrightarrow \neg P \uparrow \neg Q$;

(b) $P \uparrow Q \Leftrightarrow Q \uparrow P$, $P \downarrow Q \Leftrightarrow Q \downarrow P$.

§1.6 对偶与范式

在完备集中, 常取 $\{\neg, \land, \lor\}$. 联结词 $\land, \lor$ 有许多相似之处, 很多关于 $\land, \lor$ 的性质总是成对出现的, 只要将 $\land$ 与 $\lor$ 互换就可以得到. 我们称这样的公式具有对偶规律.

定义 1.16　设有公式 A, 其中联结词仅有 $\neg, \land, \lor$. 在 A 中将 $\land, \lor, F, T$ 分别换成 $\lor, \land, T, F$, 得到公式 A^*, 称 A^* 为 A 的对偶公式(简称对偶式).

例 1.17　求公式 $A = \neg P \land (Q \lor \neg R) \lor T$ 的对偶式.

解　$A^* = \neg P \lor (Q \land \neg R) \land F$.

对 A^* 采用同样做法, 又得到 A, 所以 A 也是 A^* 的对偶式. 因此, A 与 A^* 互为对偶式.

例 1.18　求公式 $B = P \uparrow Q$ 的对偶式.

解　B 中不显含 $\neg, \land, \lor, F, T$, 先转换为 $B = \neg(P \land Q)$, 故
$$B^* = \neg(P \lor Q) \Leftrightarrow P \downarrow Q.$$

例 1.19 设公式 $C = P \vee (\neg Q \wedge R)$，求 $\neg C$．

解 $\neg C = \neg(P \vee (\neg Q \wedge R)) \Leftrightarrow \neg P \wedge \neg(\neg Q \wedge R) \Leftrightarrow \neg P \wedge (Q \vee \neg R)$

$\Leftrightarrow C^*(\neg P, \neg Q, \neg R).$

由例 1.19 可知

$$\neg C(P, Q, R) \Leftrightarrow C^*(\neg P, \neg Q, \neg R).$$

一般地，设 A 和 A^* 是对偶式，$P_1, P_2, \cdots, P_n$ 是出现于 A 和 A^* 中的所有命题变元，则有

$$\neg A(P_1, P_2, \cdots, P_n) \Leftrightarrow A^*(\neg P_1, \neg P_2, \cdots, \neg P_n)$$

对偶原理 设公式 A, B 含有相同的命题变元 $P_1, P_2, \cdots, P_n$ 及联结词 $\neg, \wedge, \vee$．若 $A \Leftrightarrow B$，则 $A^* \Leftrightarrow B^*$．

证明 $A \Leftrightarrow B$，即 $A(P_1, P_2, \cdots, P_n) \leftrightarrow B(P_1, P_2, \cdots, P_n) \Leftrightarrow T$，所以

$$\neg A(P_1, P_2, \cdots, P_n) \leftrightarrow \neg B(P_1, P_2, \cdots, P_n) \Leftrightarrow T,$$

从而

$$A^*(\neg P_1, \neg P_2, \cdots, \neg P_n) \leftrightarrow B^*(\neg P_1, \neg P_2, \cdots, \neg P_n) \Leftrightarrow T.$$

以 $\neg P_i$ 代替 $P_i (i = 1, 2, \cdots, n)$，得

$$A^*(P_1, P_2, \cdots, P_n) \leftrightarrow B^*(P_1, P_2, \cdots, P_n) \Leftrightarrow T,$$

所以 $A^* \Leftrightarrow B^*$．

命题公式千变万化，这对研究其性质和应用带来困难，故有必要研究如何将命题公式转化为等价的标准形式．称这种标准形式为**范式**．

定义 1.17 命题公式中的若干命题变元和命题变元的否定式的合取式，称为**基本积**；若干命题变元和命题变元的否定式的析取式，称为**基本和**．

例如，给定命题变元 P 和 Q，则 $P, \neg P \wedge P, P \wedge \neg Q, \neg P \wedge P \wedge Q$ 等都是基本积，$Q, \neg P \vee P, P \vee Q, \neg P \vee P \vee Q$ 等都是基本和．

注意 一个命题变元 P 及其否定 $\neg P$ 既是基本积，又是基本和．

定义 1.18 （a）由有限个基本积构成的析取式，称为**析取范式**；

（b）由有限个基本和构成的合取式，称为**合取范式**；

（c）析取范式与合取范式统称为**范式**．

设 $A_i (i = 1, 2, \cdots, s)$ 为基本积，则

$$A = A_1 \vee A_2 \vee \cdots \vee A_s \triangleq \bigvee_{i=1}^{s} A_i$$

为析取范式．例如，取 $A_1 = \neg P \wedge Q, A_2 = P \wedge \neg Q \wedge R, A_3 = Q$，则由 A_1, A_2, A_3 构造的析取范式为

$$A = A_1 \vee A_2 \vee A_3 = (\neg P \wedge Q) \vee (P \wedge \neg Q \wedge R) \vee Q.$$

类似地，设 $B_j (j=1,2,\cdots,t)$ 为基本和，则

$$B = B_1 \wedge B_2 \wedge \cdots \wedge B_t \triangleq \bigwedge_{j=1}^{t} B_j$$

为合取范式.例如,取 $B_1 = \neg P \vee Q \vee R, B_2 = R, B_3 = P \vee \neg Q$,则由 B_1,B_2,B_3 构造的合取范式为

$$B = B_1 \wedge B_2 \wedge B_3 = (\neg P \vee Q \vee R) \wedge R \wedge (P \vee \neg Q).$$

注意　形如 $P \wedge \neg Q \wedge \neg R$ 的公式既是由一个基本积构成的析取范式，又是由三个基本和构成的合取范式.类似地,形如 $\neg P \vee \neg Q \vee R$ 的公式既是含有三个基本积的析取范式，又是含有一个基本和的合取范式.

对于任何一个命题公式,求它的合取范式(或析取范式),可以通过以下步骤完成:

① 将命题公式中的联结词化成 $\wedge$,$\vee$,$\neg$;

② 利用德摩根律将否定符号 $\neg$ 直接移到各命题变元之前;

③ 利用分配律、结合律将命题公式化为合取范式(或析取范式).

注意　为了清晰和无误,演算过程中可以利用交换律,使得每个基本积或基本和中命题变元的出现都按字典顺序.

例 1.20　求公式 $(\neg P \wedge Q) \rightarrow R$ 的合取范式与析取范式.

解　我们有

$$(\neg P \wedge Q) \rightarrow R \Leftrightarrow \neg (\neg P \wedge Q) \vee R \Leftrightarrow P \vee \neg Q \vee R.$$

记 $A_1 = P \vee \neg Q \vee R$,则 A_1 为所求的合取范式.记

$$B_1 = P, \quad B_2 = \neg Q, \quad B_3 = R,$$

则 $B_1 \vee B_2 \vee B_3$ 为所求的析取范式.

将命题公式化为上述两种范式,实际上就是将命题公式这一符号串中的联结词位置关系理顺,使其成为两种特殊的顺序形式.任何命题公式都有这两种范式,但不唯一,且这两种范式也并不具有对偶关系.

为了使任一命题公式可化成与之等价的唯一标准形式,我们考虑对合取范式与析取范式做进一步改进.

定义 1.19　在含有 n 个命题变元的基本积(或基本和)中,若每个命题变元和它的否定式不同时出现,但二者之一必出现且仅出现一次,并且第 $i(i=1,2,\cdots,n)$ 个命题变元或它的否定式出现在从左算起

的第 i 位上(若命题变元无角标,就按字典顺序排列),则称这样的基本积(或基本和)为**极小项**(或**极大项**).

n 个命题变元共可产生 2^n 个不同的极小项,2^n 个不同的极大项. 对于每个极小项,我们可以将命题变元看成 1,命题变元的否定式看成 0,那么每个极小项对应一个二进制数(称为该极小项的**成真赋值**),因而也对应一个十进制数. 类似地,对于每个极大项,若将命题变元对应于 0,命题变元的否定式对应于 1,那么每个极大项对应一个二进制数(称为该极大项的**成假赋值**),因而也对应一个十进制数. 通常将极小项记为 m_i,极大项记为 M_i,$i=0,1,\cdots,2^n-1$. 表 1-13 列出的是 $n=2$ 时的极小项和极大项,而表 1-14 列出的是 $n=3$ 时的极小项和极大项.

表　1-13

极小项			极大项		
公式	成真赋值	名称	公式	成假赋值	名称
$\neg P \wedge \neg Q$	0　0	m_0	$P \vee Q$	0　0	M_0
$\neg P \wedge Q$	0　1	m_1	$P \vee \neg Q$	0　1	M_1
$P \wedge \neg Q$	1　0	m_2	$\neg P \vee Q$	1　0	M_2
$P \wedge Q$	1　1	m_3	$\neg P \vee \neg Q$	1　1	M_3

表　1-14

极小项			极大项		
公式	成真赋值	名称	公式	成假赋值	名称
$\neg P \wedge \neg Q \wedge \neg R$	0　0　0	m_0	$P \vee Q \vee R$	0　0　0	M_0
$\neg P \wedge \neg Q \wedge R$	0　0　1	m_1	$P \vee Q \vee \neg R$	0　0　1	M_1
$\neg P \wedge Q \wedge \neg R$	0　1　0	m_2	$P \vee \neg Q \vee R$	0　1　0	M_2
$\neg P \wedge Q \wedge R$	0　1　1	m_3	$P \vee \neg Q \vee \neg R$	0　1　1	M_3
$P \wedge \neg Q \wedge \neg R$	1　0　0	m_4	$\neg P \vee Q \vee R$	1　0　0	M_4
$P \wedge \neg Q \wedge R$	1　0　1	m_5	$\neg P \vee Q \vee \neg R$	1　0　1	M_5
$P \wedge Q \wedge \neg R$	1　1　0	m_6	$\neg P \vee \neg Q \vee R$	1　1　0	M_6
$P \wedge Q \wedge R$	1　1　1	m_7	$\neg P \vee \neg Q \vee \neg R$	1　1　1	M_7

极小项与极大项有如下关系:

设 m_i 和 $M_i(i=0,1,\cdots,2^n-1)$ 分别是命题变元 $P_1,P_2,\cdots,P_n$ 形成的极小项和极大项,则

$$\neg m_i \Leftrightarrow M_i, \quad \neg M_i \Leftrightarrow m_i \quad (i=0,1,\cdots,2^n-1).$$

极小项和极大项的下角标还可用二进制数来表示. 例如,对于 $n=3$,可分别记极小项为

$$m_{000} = \neg P \wedge \neg Q \wedge \neg R, \quad m_{001} = \neg P \wedge \neg Q \wedge R,$$

$$m_{010} = \neg P \wedge Q \wedge \neg R, \qquad m_{011} = \neg P \wedge Q \wedge R,$$

$$m_{100} = P \wedge \neg Q \wedge \neg R, \qquad m_{101} = P \wedge \neg Q \wedge R,$$

$$m_{110} = P \wedge Q \wedge \neg R, \qquad m_{111} = P \wedge Q \wedge R;$$

记极大项为

$$M_{000} = P \vee Q \vee R, \qquad M_{001} = P \vee Q \vee \neg R,$$

$$M_{010} = P \vee \neg Q \vee R, \qquad M_{011} = P \vee \neg Q \vee \neg R,$$

$$M_{100} = \neg P \vee Q \vee R, \qquad M_{101} = \neg P \vee Q \vee \neg R,$$

$$M_{110} = \neg P \vee \neg Q \vee R, \qquad M_{111} = \neg P \vee \neg Q \vee \neg R.$$

另外,为了简便,通常记

$$m_{i_1} \vee m_{i_2} \vee \cdots \vee m_{i_k} = \sum (i_1, i_2, \cdots, i_k),$$

$$M_{i_1} \wedge M_{i_2} \wedge \cdots \wedge M_{i_k} = \prod (i_1, i_2, \cdots, i_k)$$

$$(0 \leqslant i_1 < i_2 < \cdots < i_k \leqslant 7).$$

极小项具有如下性质:

(a) 每个极小项都有且仅有一个成真赋值;

(b) 没有两个极小项是等价的;

(c) 任意两个极小项的合取式永假;

(d) 所有极小项的析取式永真.

极大项具有如下性质:

(a) 每个极大项都有且仅有一个成假赋值;

(b) 没有两个极大项是等价的;

(c) 任意两个极大项的析取式永真;

(d) 所有极大项的合取式永假.

定义 1.20 设由 n 个命题变元构成的析取范式(或合取范式)中所有的基本积(或基本和)都是极小项(或极大项),则称该析取范式(或合取范式)为主析取范式(或主合取范式).

下面仅就主析取范式,讨论其存在性和唯一性,再讨论它的求法.

设 A 是任一含有 n 个命题变元的公式,已知存在与 A 等价的析取范式 A'. 若 A' 的某个基本积 A_i 中既不含有某个命题变元 P_j,也不含有它的否定式 $\neg P_j$,则取 A_i 与 T 的合取式,即

$$A_i \Leftrightarrow A_i \wedge T \Leftrightarrow A_i \wedge (\neg P_j \vee P_j) \Leftrightarrow (A_i \wedge \neg P_j) \vee (A_i \wedge P_j).$$

重复该过程,直到所有的基本积都含有 A 中的任意命题变元或它的否定式为止. 此时,A_i 中的每个基本积均为极小项. 这样就将 A 化成与之等价的主析取范式 A''.

设 A 存在两个与之等价的主析取范式 B 和 C,则 $B \Leftrightarrow C$. 由于 B 和 C 是不同的主析取范式,不妨设极小项 m_i 只出现在 B 中而不出现在 C 中,则 m_i 在 B 中的成真赋值却为 C 中的成假赋值. 这与 $B \Leftrightarrow C$ 矛盾,因而 B 与 C 必相同.

下面介绍求命题公式主析取范式(或主合取范式)的一般步骤:

① 化归为析取范式(或合取范式);

② 除去析取范式(或合取范式)中所有永假(或永真)的析取式(或合取式);

③ 将基本积(或基本和)中重复出现的合取式(或析取式)和相同的变元合并;

④ 对基本积(或基本和)补入没有出现的命题变元,即插入 $\wedge T$(或 $\vee F$),然后应用 $\wedge$ 对 $\vee$(或 $\vee$ 对 $\wedge$)的分配律展开命题公式.

对于命题公式的主析取范式(或主合取范式),若将其命题变元的个数及出现次序(按字母的字典顺序)固定,则主析取范式(或主合取范式)便是唯一的. 故利用命题公式的主析取范式(或主合取范式)可以判断两个命题公式是否等价.

例 1.21　求公式 $(P \leftrightarrow Q) \rightarrow R$ 的主析取范式和主合取范式.

解　先求主析取范式. 我们有

$$(P \leftrightarrow Q) \rightarrow R \Leftrightarrow ((\neg P \vee Q) \wedge (P \vee \neg Q)) \rightarrow R$$
$$\Leftrightarrow \neg ((\neg P \vee Q) \wedge (P \vee \neg Q)) \vee R$$
$$\Leftrightarrow (P \wedge \neg Q) \vee (\neg P \wedge Q) \vee R.$$

上式最后得到的是析取范式,其中基本积 $P \wedge \neg Q$,$\neg P \wedge Q$,R 都不是极小项,而此公式含有三个命题变元. 由于

$$P \wedge \neg Q \Leftrightarrow (P \wedge \neg Q) \wedge (\neg R \vee R)$$
$$\Leftrightarrow (P \wedge \neg Q \wedge \neg R) \vee (P \wedge \neg Q \wedge R)$$
$$\Leftrightarrow m_{100} \vee m_{101},$$
$$\neg P \wedge Q \Leftrightarrow \neg P \wedge Q \wedge (\neg R \vee R)$$
$$\Leftrightarrow (\neg P \wedge Q \wedge \neg R) \vee (\neg P \wedge Q \wedge R)$$
$$\Leftrightarrow m_{010} \vee m_{011},$$
$$R \Leftrightarrow (\neg P \vee P) \wedge (\neg Q \vee Q) \wedge R$$
$$\Leftrightarrow m_{001} \vee m_{011} \vee m_{101} \vee m_{111},$$

因此

$$(P \leftrightarrow Q) \rightarrow R \Leftrightarrow m_{001} \lor m_{010} \lor m_{011} \lor m_{100} \lor m_{101} \lor m_{111}$$

$$\Leftrightarrow m_1 \lor m_2 \lor m_3 \lor m_4 \lor m_5 \lor m_7$$

$$\Leftrightarrow \sum (1,2,3,4,5,7).$$

再求主合取范式:

$$(P \leftrightarrow Q) \rightarrow R \Leftrightarrow (P \land \neg Q) \lor (\neg P \land Q) \lor R$$

$$\Leftrightarrow (P \lor Q \lor R) \land (\neg P \lor \neg Q \lor R)$$

$$\Leftrightarrow M_{000} \land M_{110}$$

$$\Leftrightarrow M_0 \land M_6$$

$$\Leftrightarrow \prod (0,6).$$

注意 主合取范式可以通过主析取范式求得.

设公式 A 含有 n 个命题变元, A 的主析取范式含有 $s(0 < s < 2^n)$ 个极小项,即

$$A \Leftrightarrow m_{i_1} \lor m_{i_2} \lor \cdots \lor m_{i_s} \quad (0 \leqslant i_j \leqslant 2^n - 1, j = 1, 2, \cdots, s),$$

其中没有出现的极小项为 $m_{j_1}, m_{j_2}, \cdots, m_{j_{2^n - s}}$,它们对应的二进制数为 $\neg A$ 的成真赋值,于是

$$\neg A \Leftrightarrow m_{j_1} \lor m_{j_2} \lor \cdots \lor m_{j_{2^n - s}},$$

从而

$$A \Leftrightarrow \neg (m_{j_1} \lor m_{j_2} \lor \cdots \lor m_{j_{2^n - s}})$$

$$\Leftrightarrow \neg m_{j_1} \land \neg m_{j_2} \land \cdots \land \neg m_{j_{2^n - s}}$$

$$\Leftrightarrow M_{j_1} \land M_{j_2} \land \cdots \land M_{j_{2^n - s}}.$$

所以,由 A 的主析取范式即可求出它的主合取范式.

习题 1.6

1. 将下列公式化为析取范式:

(a) $(P \rightarrow Q) \rightarrow R$;   (b) $\neg (P \land Q) \land (P \lor Q)$.

2. 求下列公式的主析取范式:

(a) $(\neg P \rightarrow Q) \rightarrow (\neg Q \lor P)$;   (b) $P \rightarrow (Q \land R)$.

3. 先求出下列公式的主析取范式,再用主析取范式求主合取范式:

(a) $(P \land Q) \lor R$;   (b) $(P \rightarrow Q) \land (Q \rightarrow R)$.

§1.7　推理理论

在数学和其他自然科学中,经常要考虑从某些前提能够推出什么结论.所谓推理,是指从前提出发,推出结论的思维过程,其中前提是已知的命题公式集合,结论是从前提出发,应用推理规则推出的命题公式.

定义 1.21　设 $A_1, A_2, \cdots, A_k, B$ 都是命题公式.若对于 $A_1, A_2, \cdots, A_k, B$ 中出现的命题变元的任一组赋值,有

$$A_1 \wedge A_2 \wedge \cdots \wedge A_k \Rightarrow B,$$

则称由前提 $A_1, A_2, \cdots, A_k$ 推出结论 B 的推理是有效或正确的,并称 B 是有效的结论.

注意　(a) 由前提 $A_1, A_2, \cdots, A_k$ 推出结论 B 的推理是否正确与前提中各命题公式的排列次序无关.因而,前提中的所有命题公式组成一个有限集合.

(b) 推理正确并不能保证结论 B 一定为真.

(c) $A_1 \wedge A_2 \wedge \cdots \wedge A_k \Rightarrow B$ 可以作为推理的形式结构.还可以采用下述形式结构:

前提: $A_1, A_2, \cdots, A_k$;

结论: B.

(d) 判断推理是否正确有下面三种方法:

ⓐ 真值表法:利用真值表进行判断;

ⓑ 等值演算法:利用等值演算进行判断;

ⓒ 主析取范式法:利用主析取范式进行判断.

从前提推出结论叫作论证,有效推理的具体论证过程叫作证明.下面介绍几种常用的证明方法,其中最基本的证明方法是真值表法、直接证法、间接证法.

1. 真值表法

设 $P_1, P_2, \cdots, P_n$ 为出现在前提 $A_1, A_2, \cdots, A_k$ 和结论 B 中的全部命题变元,假设对 $P_1, P_2, \cdots, P_n$ 做出了全部的真值指派,从而确定了 $A_1, A_2, \cdots, A_k$ 及 B 的所有真值,得到公式

$$A_1 \wedge A_2 \wedge \cdots \wedge A_k \rightarrow B$$

的真值表.这时只要验证此公式为重言式即可.这种证明方法称为真值表法.

例 1.22 证明：$P \wedge (P \to Q) \Rightarrow Q$.

证明 前提 $P, P \to Q$ 含有两个命题变元,列出真值表,见表 1-15.由表 1-15 知

$$P \wedge (P \to Q) \Rightarrow Q.$$

表 1-15

P	Q	$P \to Q$	$P \wedge (P \to Q) \to Q$
0	0	1	1
0	1	1	1
1	0	0	1
1	1	1	1

2. 直接证法

直接证法,是指利用一些等价式和公认的推理规则及永真蕴含式,将结论从前提推导出来.

下面是一些常用的推理规则：

（a）P 规则：在推导的任何步骤中都可以引入前提；

（b）T 规则：如果公式 S 在前面的推导中已经得到,则 S 可以在以后的推导中引用；

（c）代入规则：重言式中的命题变元可以代表任一命题.

在研究推理的过程中,人们发现一些重要的永真蕴含式,并将这些永真蕴含式称为推理定律.下面给出 9 条重要的推理定律：

（a）附加律：$A \Rightarrow A \vee B$；

（b）化简律：$A \wedge B \Rightarrow A$；

（c）假言推理：$(A \to B) \wedge A \Rightarrow B$；

（d）拒取式：$(A \to B) \wedge \neg B \Rightarrow \neg A$；

（e）析取三段论：$(A \vee B) \wedge \neg A \Rightarrow B$；

（f）假言三段论：$(A \to B) \wedge (B \to C) \Rightarrow A \to C$；

（g）等价三段论：$(A \leftrightarrow B) \wedge (B \leftrightarrow C) \Rightarrow A \leftrightarrow C$；

（h）构造性二难：$(A \to B) \wedge (C \to D) \wedge (A \vee C) \Rightarrow B \vee D$,

$\qquad\qquad\qquad (A \to B) \wedge (\neg A \to B) \wedge (A \wedge \neg A) \Rightarrow B$；

（i）破坏性二难：$(A \to B) \wedge (C \to D) \wedge (\neg B \vee \neg D) \Rightarrow \neg A \vee \neg C$.

再给出 24 个常用的等价式：

E_1：$P \Leftrightarrow \neg \neg P$；

E_2：$P \wedge Q \Leftrightarrow Q \wedge P$；

E_3：$P \vee Q \Leftrightarrow Q \vee P$；

$E_4: (P \wedge Q) \wedge R \Leftrightarrow P \wedge (Q \wedge R);$

$E_5: (P \vee Q) \vee R \Leftrightarrow P \vee (Q \vee R);$

$E_6: P \wedge (Q \vee R) \Leftrightarrow (P \wedge Q) \vee (P \wedge R);$

$E_7: P \vee (Q \wedge R) \Leftrightarrow (P \vee Q) \wedge (P \vee R);$

$E_8: \neg(P \wedge Q) \Leftrightarrow \neg P \vee \neg Q;$

$E_9: \neg(P \vee Q) \Leftrightarrow \neg P \wedge \neg Q;$

$E_{10}: P \vee P \Leftrightarrow P;$

$E_{11}: P \wedge P \Leftrightarrow P;$

$E_{12}: R \vee (P \wedge \neg P) \Leftrightarrow R;$

$E_{13}: R \wedge (P \vee \neg P) \Leftrightarrow R;$

$E_{14}: R \vee (P \vee \neg P) \Leftrightarrow T;$

$E_{15}: R \wedge (P \wedge \neg P) \Leftrightarrow F;$

$E_{16}: P \rightarrow Q \Leftrightarrow \neg P \vee Q;$

$E_{17}: \neg(P \rightarrow Q) \Leftrightarrow P \wedge \neg Q;$

$E_{18}: P \rightarrow Q \Leftrightarrow \neg Q \rightarrow \neg P;$

$E_{19}: P \rightarrow (Q \rightarrow R) \Leftrightarrow (P \wedge Q) \rightarrow R;$

$E_{20}: P \leftrightarrow Q \Leftrightarrow (P \rightarrow Q) \wedge (Q \rightarrow P);$

$E_{21}: P \leftrightarrow Q \Leftrightarrow (P \wedge Q) \vee (\neg P \wedge \neg Q);$

$E_{22}: \neg(P \leftrightarrow Q) \Leftrightarrow P \leftrightarrow \neg Q;$

$E_{23}: P \vee \neg P \Leftrightarrow T;$

$E_{24}: P \wedge \neg P \Leftrightarrow F.$

注意 每个等价式都可派生出两条推理定律.

例 1.23 检验下述论证的有效性:

若我学习,则我的数学成绩不会不及格.如果我不热衷于上网玩游戏,那么我就会学习.但是,我的数学成绩不及格.因此,我热衷于上网玩游戏.

解 设 P:我学习,Q:我热衷于上网玩游戏,R:我的数学成绩不及格,则对于所给的论证,有

前提: $P \rightarrow \neg R, \neg Q \rightarrow P, R$;

结论: Q.

用永真蕴含式的形式表达所给的论证:

$$(P \rightarrow \neg R) \wedge (\neg Q \rightarrow P) \wedge R \Rightarrow Q.$$

下面检验此论证的有效性,具体步骤如下:

① $P \rightarrow \neg R$ (P 规则);

② $R \to \neg P$ （T 规则，E_{18}）；

③ R （P 规则）；

④ $\neg P$ （②，③，T 规则）；

⑤ $\neg Q \to P$ （P 规则）；

⑥ Q （④，⑤）.

3. 间接证法

因为 $P \to Q \Leftrightarrow \neg Q \to \neg P$，所以证明 $P \Rightarrow Q$ 时可以通过对 $\neg Q \Rightarrow \neg P$ 进行证明得到，即设 Q 为假，推出 P 为假. 称这种证明方法为间接证法或逆反证法.

4. 反证法

对于证明

$$A_1 \wedge A_2 \wedge \cdots \wedge A_k \Rightarrow B$$

这样的问题，可将其记为 $S \Rightarrow B$，即 $S \to B \Leftrightarrow T$，$\neg S \vee B \Leftrightarrow T$，故 $S \wedge \neg B \Leftrightarrow F$（出现矛盾）. 因此，可以通过证明 $S \wedge \neg B \Leftrightarrow F$ 来推出 $S \Rightarrow B$ 正确. 称这种证明方法为反证法.

反证法一般适用于结论为否定的形式.

例 1.24 证明：$P \to \neg Q, P \vee S, S \to \neg Q, R \to Q \Rightarrow \neg R$.

证明 用反证法. 附加前提 $\neg \neg R$，按如下步骤进行证明：

① $\neg \neg R$ （P 规则）；

② R （T 规则）；

③ $R \to Q$ （P 规则）；

④ Q （②，③，T 规则）；

⑤ $S \to \neg Q$ （P 规则）；

⑥ $\neg S$ （④，⑤，T 规则）；

⑦ $P \vee S$ （P 规则）；

⑧ P （⑥，⑦，T 规则）；

⑨ $P \to \neg Q$ （P 规则）；

⑩ $\neg Q$ （⑧，⑨，T 规则）；

⑪ $Q \wedge \neg Q$ （④，⑩，矛盾）；

⑫ $\neg R$.

5. CP 规则

对于

$$A_1 \wedge A_2 \wedge \cdots \wedge A_k \Rightarrow A \rightarrow B$$

形式结构的证明,其结论为条件式 $A \rightarrow B$,此时可以将结论中的前件 A 也作为推理的前提,使结论只为 B. 其正确性证明如下:

$$(A_1 \wedge A_2 \wedge \cdots \wedge A_k) \rightarrow (A \rightarrow B)$$
$$\Leftrightarrow \neg(A_1 \wedge A_2 \wedge \cdots \wedge A_k) \vee (\neg A \vee B)$$
$$\Leftrightarrow (\neg(A_1 \wedge A_2 \wedge \cdots \wedge A_k) \vee \neg A) \vee B$$
$$\Leftrightarrow \neg(A_1 \wedge A_2 \wedge \cdots \wedge A_k \wedge A) \vee B$$
$$\Leftrightarrow (A_1 \wedge A_2 \wedge \cdots \wedge A_k \wedge A) \rightarrow B,$$

即可将结论 $A \rightarrow B$ 中的 A 附加于前提 $A_1, A_2, \cdots, A_k$ 之中,证明 B 为真. 称这种证明方法为 CP 规则.

例 1.25　证明:$P \rightarrow Q \vee R, Q \rightarrow \neg P, S \rightarrow \neg R \Rightarrow P \rightarrow \neg S$.

证明　附加前提 P,按如下步骤进行证明:

① P　　　　　　　(P 规则);
② $P \rightarrow Q \vee R$　　　(P 规则);
③ $Q \vee R$　　　　　(①,②,T 规则);
④ $Q \rightarrow \neg P$　　　　(P 规则);
⑤ $\neg Q$　　　　　　(①,④,T 规则);
⑥ R　　　　　　　(③,⑤,T 规则);
⑦ $S \rightarrow \neg R$　　　　(P 规则);
⑧ $\neg S$　　　　　　(⑥,⑦,T 规则);
⑨ $P \rightarrow \neg S$　　　　(CP 规则).

6. 分情况证明法

对于

$$A_1 \vee A_2 \vee \cdots \vee A_k \Rightarrow B$$

形式结构的证明,可以按如下分情况证明法进行:

$$(A_1 \vee A_2 \vee \cdots \vee A_k) \rightarrow B$$
$$\Leftrightarrow \neg(A_1 \vee A_2 \vee \cdots \vee A_k) \vee B$$
$$\Leftrightarrow (\neg A_1 \wedge \neg A_2 \wedge \cdots \wedge \neg A_k) \vee B$$
$$\Leftrightarrow (\neg A_1 \vee B) \wedge (\neg A_2 \vee B) \wedge \cdots \wedge (\neg A_k \vee B)$$
$$\Leftrightarrow (A_1 \rightarrow B) \wedge (A_2 \rightarrow B) \wedge \cdots \wedge (A_k \rightarrow B),$$

即要证明对于任意 $i(1 \leqslant i \leqslant k), A_i \rightarrow B$ 为真.

习题 1.7

1. 利用推理规则,证明以下各式:

(a) $\neg(P \wedge \neg Q), \neg Q \vee R, \neg R \Rightarrow \neg P$;

(b) $P \wedge Q, (P \leftrightarrow Q) \rightarrow (R \vee S) \Rightarrow R \vee S$;

(c) $\neg P \vee Q, R \rightarrow \neg Q \Rightarrow P \rightarrow \neg R$;

(d) $P \vee Q \rightarrow R \wedge S, S \vee T \rightarrow H \Rightarrow P \rightarrow H$;

(e) $P \rightarrow (Q \rightarrow R), P, Q \Rightarrow R \vee S$;

(f) $P \rightarrow R, Q \rightarrow S, P \wedge Q \Rightarrow R \vee S$;

(g) $P \rightarrow (Q \rightarrow R), S \rightarrow P, Q \Rightarrow S \rightarrow R$;

(h) $P \rightarrow \neg Q, \neg R \vee Q, R \wedge \neg S \Rightarrow \neg P$;

(i) $P \vee Q, P \rightarrow R, Q \rightarrow S \Rightarrow R \vee S$.

2. 对下面每个前提集合,列出能得到的一个有效结论和应用于这一情况的推理规则:

(a) 如果考试通过,那么我会很高兴;若我很高兴,则我的饭量会增加;我的饭量减少.

(b) 若 a 是奇数,则 a 不能被 2 整除;若 a 是偶数,则 a 能被 2 整除;a 是偶数.

第 2 章

谓 词 逻 辑

在 命题逻辑中，主要研究命题和命题演算. 原子命题是演算的基本单位，不再对其进行分解，故无法研究命题内部的成分、结构及其逻辑特征.

在许多原子命题之间，常常有一些共同特征. 例如，P：李明是大学生，Q：张华是大学生，显然 P,Q 有共同的属性"是大学生". 若记 $P(x)$：x 是大学生，并记李明为 a，张华为 b，则可以分别将上面两个命题记为 $P(a)$ 和 $P(b)$. 因此，有必要引入新的符号. 此外，原子命题的表达方法虽然简单，但是有时不能完全表达前提和结论之间的关系以及命题之间的内在联系和数量关系. 因而，命题逻辑具有局限性，甚至无法判断一些简单而明显成立的推理，如著名的苏格拉底（Socrates）三段论. 故需要进一步改善命题演算的符号体系，引入新的概念——谓词、量词以及相应的推理规则和符号系统. 这些就是谓词逻辑要研究的内容.

§2.1 谓词的概念与表示

下面用三种不同的数学模式来说明谓词的概念.

考虑如下三个命题：

(a) 5 是质数；

(b) 张宁生于北京；

(c) $12=4\times3$.

我们得到三种数学模式：

(a) x 是质数，"是质数"刻画了 x 的性质；

(b) x 生于 y，"生于"刻画了 x,y 的关系；

(c) $x=y\times z$，"…＝…×…"刻画了 x,y,z 的关系.

定义 2.1 　在有关论述域中，用以刻画客体的性质或关系的形式符号称为谓词.

"是质数""生于""…＝…×…"都是谓词.谓词一般用大写字母 P，$Q,R,\cdots$ 表示；而客体用小写字母 $a,b,c,\cdots$ 表示，它们同时也指具体或特定的客体.我们将表示抽象或泛指的客体称为个体变元，常用 x,y，$z,\cdots$ 表示它们，并称个体变元的取值范围为个体域.由宇宙间一切事物组成的个体域，称为全总个体域.另外，相对于个体变元，有时也将具体或特定的客体称为个体常元(简称个体).

在本书中，涉及命题符号化时，若没有指明个体域，就采用全总个体域.

例 2.1 　用谓词表达命题：张宁生于北京.

解 　记谓词 $P(x,y)$：x 生于 y，个体 a：张宁，个体 b：北京，则该命题可以表达为 $P(a,b)$.

例 2.2 　用谓词表达命题：黄山比泰山好.

解 　令谓词 $P(x,y)$：x 比 y 好，个体 a：黄山，个体 b：泰山，则该命题可以表达为 $P(a,b)$.

单独的客体和谓词不能构成命题，故用谓词表达的命题必须包括客体和谓词字母两部分，不能分开.

设 x,y,z 为个体变元，我们将谓词 $P(x)$ 称作一元谓词，谓词 $Q(x,y)$ 称作二元谓词，谓词 $R(x,y,z)$ 称作三元谓词.一般地，有下面的概念.

定义 2.2　　将含有 n 个个体变元的谓词称作 n 元谓词.

当 $n \geqslant 2$ 时, n 元谓词也称为多元谓词. n 元谓词需要将 n 个个体变元 $x_1, x_2, \cdots, x_n$ 放在固定的位置上, 如 $P(x_1, x_2, \cdots, x_n)$. 也就是说, 代表个体的字母在命题的多元谓词表达式中出现的次序与事先约定有关. 在约定次序后, $P(a, b, c)$ 和 $P(b, a, c)$ 应为两个不同的命题.

有时将不带个体变元的谓词称为零元谓词. 例如, $P(a)$, $Q(a, b)$, $R(a_1, a_2, \cdots, a_n)$ 等都是零元谓词. 零元谓词为命题. 于是, 命题逻辑中的命题均可以表示成零元谓词, 因而可将命题看成特殊的谓词.

 习题 2.1

1. 用谓词表达下列命题:

(a) 张山不是运动员;　　(b) 他是学生或教师;

(c) 2 或 5 是质数;　　(d) 若 x 是奇数, 则 $2x$ 不是奇数.

§2.2　命题函数与量词

所谓简单命题函数, 是指由一个谓词和若干个体变元组成的表达式. 由有限个简单命题函数及联结词组合而成的表达式, 称为复合命题函数. 简单命题函数和复合命题函数统称为命题函数.

命题函数不是命题, 只有个体变元取特定的客体时, 才能成为命题. 命题函数一般与所讨论的个体域有关.

用谓词表达命题时, 对有些命题来说, 还是不能准确地符号化, 原因是还缺少表示个体变元之间数量关系的符号, 以及不能表达反映全称判断和特称判断的命题. 本节介绍反映全称判断和特称判断的量词及其符号.

定义 2.3　　日常生活和数学中常用的 "一切" "所有" "每个" "任意" "凡是" "都" 等词统称为全称量词, 将它们都符号化为 "$\forall$", 并用 $\forall x, \forall y$ 等表示 "个体域里所有的个体".

定义 2.4　　日常生活和数学中常用的 "存在" "有的" "至少有一个" 等词统称为存在量词, 将它们都符号化为 "$\exists$", 并用 $\exists x, \exists y$ 等表示"个体域里有的个体".

全称量词和存在量词统称为量词.

例 2.3　设个体域分别如下：

(a) 个体域 D_1 为所有人组成的集合；

(b) 个体域 D_2 为全总个体域.

将下面两个命题符号化：

ⓐ 所有人都是要呼吸的；

ⓑ 有的人用左手打球.

解　(a) 令 $F(x)$：x 呼吸，$H(x)$：x 用左手打球.

ⓐ $\forall x F(x)$；

ⓑ $\exists x H(x)$.

(b) D_2 中除人外，还有万物，所以在命题ⓐ，ⓑ符号化时，必须考虑将人先分离出来.
设 $M(x)$：x 是人. 此时有

ⓐ $\forall x(M(x) \rightarrow F(x))$；

ⓑ $\exists x(M(x) \wedge H(x))$.

　　例 2.3 中的 $M(x)$ 可以理解为特性谓词，在使用全总个体域时，它可以将人从其他事物中区别出来. 一般地，对于全称量词，此特性谓词常常作为条件式的前件；而对于存在量词，此特性谓词常常作为合取项.

例 2.4　将下列命题符号化：

(a) 没有不犯错误的人；

(b) 所有人都在运动场上活动.

解　由于本题没有提出个体域，因而应采用全总个体域，并令 $M(x)$：x 是人.

(a) 令 $F(x)$：x 犯错误. 命题(a)可以符号化为

$$\neg(\exists x(M(x) \wedge \neg F(x))).$$

(b) 令 $P(x)$：x 在运动场上活动. 命题(b)可以符号化为

$$\forall x(M(x) \rightarrow P(x)).$$

　　在谓词 $P(x)$，$P(x,y)$ 等前面加上量词 $\forall$ 或 $\exists$，即是个体变元被全称量化或存在量化. 而量化的作用是约束个体变元，量化后所得命题的真值与论述域有关.

例 2.5　将下列命题符号化：

(a) 对于任意自然数 x,y，均有 $x+y \geqslant x$；

(b) 某些人对某些药物过敏.

解　采用全总个体域.

(a) 令 $N(x)$：x 是自然数，$F(x,y)$：$x+y \geqslant x$. 命题(a)可以符号化为

$$\forall x \forall y(N(x) \wedge N(y) \rightarrow F(x,y)).$$

(b) 令 $M(x)$：x 是人，$G(y)$：y 是药物，$F(x,y)$：x 对 y 过敏. 命题(b)可以符号化为

$$\exists x \exists y(M(x) \wedge G(y) \wedge F(x,y)).$$

 习题 2.2

1. 用谓词表达下列命题：

(a) 每个有理数都是实数；

(b) 并非每个实数都是有理数；

(c) 直线 A 平行于直线 B 当且仅当直线 A 不与直线 B 相交；

(d) 在美国留学的学生未必都是中国人.

2. 给出下列命题所对应的谓词表达式：

(a) 某些运动员是大学生；

(b) 没有运动员不是强壮的；

(c) 有的火车的运行速度比有的汽车的运行速度快；

(d) 所有学生都钦佩某些教师.

§2.3　谓词公式与个体变元的约束

谓词表达式中不出现命题联结词和量词的谓词，称为谓词演算的原子公式.

例如，谓词表达式中的谓词 $P(x)$，$Q(x,y)$，$R(x,y,z)$ 等都是原子公式.

由原子公式出发，我们可以定义谓语演算的谓词公式.

定义 2.5　谓词公式（简称公式）定义如下：

(a) 原子公式是谓词公式；

(b) 若 A 是谓词公式，则 $(\neg A)$ 也是谓词公式；

（c）若 A,B 是谓词公式，则 $(A \wedge B),(A \vee B),(A \rightarrow B),(A \leftrightarrow B)$ 也是谓词公式；

（d）若 A 是谓词公式，则 $\forall xA,\exists xA$ 也是谓词公式；

（e）只有有限次应用（a）～（d）所得到的符号串才是谓词公式.

利用谓词公式可以更广泛、深入地表达自然语言中的有关命题.

例 2.6　在数学分析中，极限定义为：对于任意小正数 ε，若存在一个正数 δ，使得当 $0 < |x-a| < \delta$ 时，有 $|f(x)-b| < \varepsilon$，则定义 $\lim\limits_{x \to a} f(x) = b$. 试用谓词公式表示 $\lim\limits_{x \to a} f(x) = b$.

解　令 $P(x,y)$：x 大于 y，$Q(x,y)$：x 小于 y，则 $\lim\limits_{x \to a} f(x) = b$ 可以表示为

$$\forall \varepsilon \exists \delta \forall x(((P(\varepsilon,0) \rightarrow P(\delta,0)) \wedge Q(|x-a|,\delta) \wedge P(|x-a|,0)) \rightarrow Q(|f(x)-b|,\varepsilon)).$$

定义 2.6　在公式 $\forall xA$ 和 $\exists xA$ 中，称 x 为指导变元，并称 A 为相应量词的辖域. 在 $\forall$ 和 $\exists$ 的辖域中，x 的所有出现都称为约束出现，A 中不是约束出现的其他个体变元均称为自由出现的. 称约束出现的个体变元为约束变元，而称自由出现的个体变元为自由变元.

例如，在 $\forall x(F(x,y) \rightarrow G(x,z))$ 中 x 是指导变元，量词 $\forall$ 的辖域为 $F(x,y) \rightarrow G(x,z)$，$x$ 是约束出现的，y,z 均是自由出现的.

例 2.7　指出下列公式中的指导变元、量词的辖域、自由变元及约束变元：

$$\forall x(F(x) \rightarrow G(x,y)) \rightarrow \exists y(H(x) \wedge L(x,y,z)).$$

解　该公式中含有两个指导变元和两个量词：前件中的指导变元为 x，量词为 $\forall$，$\forall$ 的辖域为 $F(x) \rightarrow G(x,y)$，其中 x 是约束出现的，y 是自由出现的；后件中的指导变元为 y，量词为 $\exists$，$\exists$ 的辖域为 $H(x) \wedge L(x,y,z)$，其中 y 是约束出现的，x,z 是自由出现的. 在整个公式中，x 约束出现两次，自由出现两次，y 约束出现一次，自由出现一次，z 只自由出现一次.

在该例中，同一个个体变元符号既是约束出现的，又是自由出现的，这是允许的. 但是，为了避免混淆，我们通常利用约束变元的换名规则和自由变元的代替规则，使得一个公式中一个个体变元符号仅以一种形式出现.

约束变元的换名规则，是指将量词辖域中出现的某个约束变元及其对应作用位置的个体变元，改成辖域中未曾出现过的个体变元，公式中其余个体变元不变. 例如，将 $\forall xP(x,y) \rightarrow Q(x)$ 改为 $\forall zP(z,y) \rightarrow Q(x)$.

自由变元的代替规则,是指对某个自由出现的个体变元,用与公式中所有个体变元都不同的个体变元去代替,且处处代替. 例如,$\forall xF(x,y) \to G(x,z)$ 可以改为 $\forall xF(x,y) \to G(w,z)$.

习题 2.3

1. 令 $P(x)$:x 是质数,$E(x)$:x 是偶数,$O(x)$:x 是奇数,$D(x,y)$:x 除尽 y. 将下列公式译成自然语言:

(a) $P(3)$;　　　　(b) $P(5) \wedge P(4)$;

(c) $\forall x(E(x) \to \forall y(D(x,y) \to E(y)))$;

(d) $\forall x(O(x) \to \forall y(P(y) \to \neg D(x,y)))$.

2. 用谓词公式表达下列命题:

(a) 没有一个奇数是偶数;

(b) 一个整数是奇数,如果它的平方是奇数.

3. 令 $P(x)$:x 是一个点,$L(x)$:x 是一条直线,$R(x,y,z)$:z 通过 x 和 y,$E(x,y)$:$x = y$. 符号化命题:对于每两个点,有且仅有一条直线通过这两个点.

4. 指出下列公式中的自由变元和约束变元,并指明量词的辖域:

(a) $\forall x(F(x) \wedge Q(x,y)) \to \exists xP(x) \vee R(x)$;

(b) $\forall x(P(x) \to \exists xQ(x)) \to (\forall xH(x) \wedge R(x))$.

5. 如果论述域是集合 $\{a,b,c\}$,试消去下列公式中的量词:

(a) $\forall x(F(x) \to G(x))$;　　　(b) $\forall xP(x) \wedge \forall xQ(x)$;

(c) $\exists xF(x) \vee \exists xG(x)$.

6. 将下列公式中的个体变元改名,使自由变元和约束变元不用相同的符号:

(a) $\forall x(P(x,y) \to Q(x,y) \vee F(x,y) \wedge \exists xG(x)$;

(b) $P(x,y) \to \forall x(F(x,y) \wedge \exists zG(x,z))$.

§2.4 谓词演算的等价公式与永真蕴含式

在谓词公式中,当个体变元用确定的客体代替,命题变元用确定的命题代替时,就称作对谓词公式进行赋值(或解释).

任意给定一个谓词公式 A,设其个体域为 E. 若对于 A 的所有赋值,A 都为真,则称 A 在 E 上是有效的,或称 A 在 E 上是永真式;若对于 A 的所有赋值,A 都为假,则称 A 在 E 上是永假式或矛盾式;若至少存在一个赋值,使得 A 为真,则称 A 为可满足式.

若公式 A 的个体域是有限的,谓词的赋值也是有限的,则可以用真值表判定 A 是不是永真式. 在谓词演算中,由于谓词公式的复杂性和赋值的多样性,很难找出一种可行的算法来判断任一谓词公式是不是可满足的.

定义 2.7   设 A_0 是含有命题变元 $P_1,P_2,\cdots,P_n$ 的命题公式, $A_1,A_2,\cdots,A_n$ 是 n 个谓词公式,用 $A_i(1\leqslant i\leqslant n)$ 处处代替 A_0 中的 P_i, 所得公式 A 称为 A_0 的代换实例.

例如,$F(x)\vee(F(x)\to G(x))$,$\forall xF(x)\vee(\forall xF(x)\to\exists y(G(y)))$ 都是 $P\vee(P\to Q)$ 的代换实例.

关于代换实例,易知下面的结论成立:

命题逻辑中重言式的代换实例都是永真式,矛盾式的代换实例都是矛盾式.

定义 2.8   设 A,B 是谓词演算中的任意两个公式. 若 $A\leftrightarrow B$ 是永真式,则称 A 与 B 是等价的,记作 $A\Leftrightarrow B$,并称 $A\Leftrightarrow B$ 是等价式.

同命题逻辑中的等价式一样,有一些重要的等价式已被证明,由这些重要的等价式可以推演出更多的等价式.

以下介绍几组基本而重要的等价式:

第一组   命题逻辑中重言式的代换实例.

§1.7 中给出的 24 个等价式对应的代换实例都是谓词演算中的等价式. 例如,

$$\forall xF(x)\Leftrightarrow\neg\neg\forall xF(x),$$
$$\forall x(P(x)\to Q(x))\Leftrightarrow\forall x(\neg P(x)\vee Q(x)),$$
$$\forall xP(x)\to\exists yQ(y)\Leftrightarrow\neg\forall xP(x)\vee\exists yQ(y).$$

第二组   由量词 $\forall,\exists$ 与联结词 $\neg$ 之间的关系(量词的否定)得到的等价式.

对于任意谓词公式 $A(x)$,有

(a) $\neg\forall xA(x)\Leftrightarrow\exists x\neg A(x)$;

(b) $\neg\exists xA(x)\Leftrightarrow\forall x\neg A(x)$.

注意   否定词可以通过量词深入到辖域. 如果将 $A(x)$ 看作整体,那么将 $\forall x$ 和 $\exists x$ 两者互换,可以由一个等价式得到另一个等价式. 这说明 $\forall x$ 与 $\exists x$ 具有对偶性. 两个量词可以互相表达,所以有一个量词就够了. 同时,这说明出现在量词之前的否定,不是否定该量词,而是否定被量化了的整个命题 $A(x)$.

例 2.8　$\neg\forall x\forall y\exists z(x+y=z)\Leftrightarrow\exists x\neg\forall y\exists z(x+y=z)$

$\Leftrightarrow\exists x\exists y\neg\exists z(x+y=z)$

$\Leftrightarrow\exists x\exists y\forall z\neg(x+y=z)$

$\Leftrightarrow\exists x\exists y\forall z(x+y\neq z).$

第三组　由量词辖域的扩张与收缩得到的等价式.

设 $A(x)$ 是任意含有自由变元 x 的谓词公式,谓词公式 B 中不含有自由变元 x,则

(a)　$\forall x(A(x)\lor B)\Leftrightarrow\forall xA(x)\lor B$,

$\qquad\forall x(A(x)\land B)\Leftrightarrow\forall xA(x)\land B$,

$\qquad\forall x(A(x)\to B)\Leftrightarrow\exists xA(x)\to B$,

$\qquad\forall x(B\to A(x))\Leftrightarrow B\to\forall xA(x)$;

(b)　$\exists x(A(x)\lor B)\Leftrightarrow\exists xA(x)\lor B$,

$\qquad\exists x(A(x)\land B)\Leftrightarrow\exists xA(x)\land B$,

$\qquad\exists x(A(x)\to B)\Leftrightarrow\forall xA(x)\to B$,

$\qquad\exists x(B\to A(x))\Leftrightarrow B\to\exists xA(x)$.

第四组　量词分配等价式.

设 $A(x),B(x)$ 均是任意含有自由变元 x 的谓词公式,则

(a)　$\forall x(A(x)\land B(x))\Leftrightarrow\forall xA(x)\land\forall x(Bx)$;

(b)　$\exists x(A(x)\lor B(x))\Leftrightarrow\exists xA(x)\lor\exists xB(x)$.

另外,还可以利用如下三条规则得到等价式:

(a)　**置换规则**:设 $\Phi(A)$ 是含有公式 A 的公式,$\Phi(B)$ 是用公式 B 代替 $\Phi(A)$ 中的所有 A 之后得到的公式.若 $A\Leftrightarrow B$,则

$$\Phi(A)\Leftrightarrow\Phi(B).$$

(b)　**换名规则**:将公式 A 中一个量词辖域的某个约束变元的所有出现及相应的指导变元,改成该量词辖域中未曾出现过的个体变元,其余部分不变,设所得公式为 A',则

$$A'\Leftrightarrow A.$$

(c)　**代替规则**:将公式 A 中某个自由变元的所有出现用 A 中未曾出现过的个体变元代替,其余部分不变,设所得公式为 A',则

$$A'\Leftrightarrow A.$$

例 2.9　设 $A(x),B(x)$ 均为含有自由变元 x 的公式,证明:

(a)　$\forall x(A(x)\lor B(x))$ 与 $\forall xA(x)\lor\forall xB(x)$ 不等价;

(b) $\exists x(A(x) \wedge B(x))$ 与 $\exists xA(x) \wedge \exists xB(x)$ 不等价.

证明   (a) 只要证明公式

$$\forall x(A(x) \vee B(x)) \leftrightarrow \forall xA(x) \vee \forall xB(x)$$

不是永真式即可.

取个体域为实数集 $\mathbb{R}$. 令 $F(x)$：x 是有理数，$G(x)$：x 是无理数，并分别以 $F(x)$，$G(x)$ 代替 $A(x)$，$B(x)$，则 $\forall x(F(x) \vee G(x))$ 为真命题，而 $\forall xF(x) \vee \forall xG(x)$ 为假命题，因而上面的公式不是永真式.

可类似证明(b).

例 2.10   证明：

(a) $\neg \exists x(F(x) \wedge G(x)) \Leftrightarrow \forall x(F(x) \rightarrow \neg G(x))$；

(b) $\neg \forall x(P(x) \rightarrow Q(x)) \Leftrightarrow \exists x(P(x) \wedge \neg Q(x))$.

证明   (a) $\neg \exists x(F(x) \wedge G(x)) \Leftrightarrow \forall x \neg (F(x) \wedge G(x))$

$$\Leftrightarrow \forall x(\neg F(x) \vee \neg G(x))$$

$$\Leftrightarrow \forall x(F(x) \rightarrow \neg G(x)).$$

(b) $\neg \forall x(P(x) \rightarrow Q(x)) \Leftrightarrow \exists x \neg (P(x) \rightarrow Q(x))$

$$\Leftrightarrow \exists x \neg (\neg P(x) \vee Q(x))$$

$$\Leftrightarrow \exists x(P(x) \wedge \neg Q(x)).$$

下面是几个基本的永真蕴含式：

(a) $\forall xA(x) \vee \forall xB(x) \Rightarrow \forall x((Ax) \vee B(x))$；

(b) $\exists x(A(x) \wedge B(x)) \Rightarrow \exists xA(x) \wedge \exists xB(x)$；

(c) $\forall x(A(x) \rightarrow B(x)) \Rightarrow \forall xA(x) \rightarrow \forall xB(x)$；

(d) $\forall x(A(x) \rightarrow B(x)) \Rightarrow \exists xA(x) \rightarrow \exists xB(x)$，

其中 $A(x)$，$B(x)$ 均是任意含有自由变元 x 的公式.

例 2.11   证明：$\exists x(A(x) \rightarrow B(x)) \Rightarrow \forall xA(x) \rightarrow \exists xB(x)$.

证明 $\exists x(A(x) \rightarrow B(x)) \Rightarrow \exists x(\neg A(x) \vee B(x))$

$$\Rightarrow \exists x \neg A(x) \vee \exists xB(x)$$

$$\Rightarrow \neg \forall xA(x) \vee \exists xB(x)$$

$$\Rightarrow \forall xA(x) \rightarrow \exists xB(x).$$

习题 2.4

1. 设论述域是 $\{a_1, a_2, \cdots, a_n\}$，证明下列等价式：

(a) $\neg \forall x P(x) \Leftrightarrow \exists x \neg P(x)$；

(b) $\exists x(A(x) \land B(x)) \Leftrightarrow \exists x A(x) \land \exists x B(x)$.

2. 如果一个公式的量词都非否定地放在整个公式的开头，没有括号将它们彼此隔开，而它们的辖域都延伸到整个公式，则称这样的公式为前束范式. 应用置换规则、换名规则、代替规则、量词否定、量词辖域扩张、量词分配等，可以求出与某个公式等价的前束范式. 例如，

$$\forall xF(x) \land \neg \exists xG(x) \Leftrightarrow \forall xF(x) \land \neg \exists yG(y)$$
$$\Leftrightarrow \forall xF(x) \land \forall y \neg G(y)$$
$$\Leftrightarrow \forall x(F(x) \land \forall y \neg G(y))$$
$$\Leftrightarrow \forall x \forall y(F(x) \land \neg G(y)).$$

试求下列公式的前束范式：

(a) $\forall xF(x) \rightarrow \forall yG(x,y)$；

(b) $\forall x(F(x,y) \rightarrow \exists yG(x,y,z))$；

(c) $\forall x(F(x) \rightarrow G(x,y)) \rightarrow (\exists yH(y) \rightarrow \exists zL(y,z))$.

3. 将下列命题符号化，要求符号化的公式全为前束范式：

(a) 有的汽车的运行速度比有的火车的运行速度快；

(b) 有的火车的运行速度比所有的汽车的运行速度快.

§2.5 谓词演算的推理理论

若将命题演算中推理的证明方法推广到谓词演算上，会得到许多有关谓词演算的推理的证明方法. 谓词演算中的某些等价式和永真蕴含式就是命题演算有关结论的推广.

在谓词逻辑中，推理的形式结构仍为

$$A_1 \land A_2 \land \cdots \land A_k \Rightarrow B, \tag{2.1}$$

或者

> 前提：$A_1, A_2, \cdots, A_k$；
>
> 结论：B.

若(2.1)式为永真蕴含式,则称推理是正确的,并称 B 为前提 $A_1, A_2, \cdots$, A_k 的逻辑结论(简称结论).

在谓词逻辑中,称永真蕴含式为推理定律.若一个推理的形式结构正是某条推理定律,则这个推理显然是正确的.

在谓词逻辑中,主要有以下几组推理定律:

第一组　命题逻辑中推理定律的代换实例.

例如,

$$\forall xF(x) \wedge \forall yG(y) \Rightarrow \forall xF(x),$$

$$\exists xF(x) \Rightarrow \exists xF(x) \vee \exists yG(y)$$

分别为命题逻辑中化简律和附加律的代换实例.

第二组　每个基本等价式生成两条推理定律.

例如,

$$\neg \forall xF(x) \Rightarrow \exists x \neg F(x),$$

$$\exists x \neg F(x) \Rightarrow \neg \forall xF(x)$$

和

$$\forall xF(x) \Rightarrow \neg \neg \forall xF(x),$$

$$\neg \neg \forall xF(x) \Rightarrow \forall xF(x)$$

分别由命题逻辑中的量词否定等价式和双重否定律生成.

第三组　量词分配生成的推理定律.

例如,

$$\forall xA(x) \vee \forall xB(x) \Rightarrow \forall x(A(x) \vee B(x)),$$

$$\exists x(A(x) \wedge B(x)) \Rightarrow \exists xA(x) \wedge \exists xB(x),$$

$$\forall x(A(x) \rightarrow B(x)) \Rightarrow \exists xA(x) \rightarrow \forall xB(x),$$

$$\exists x(A(x) \rightarrow B(x)) \Rightarrow \exists xA(x) \rightarrow \exists xB(x).$$

在谓词演算的推理中,某些前提与结论可能是受量词限制的.为了使用已有的等价式和永真蕴含式,必须在推理过程中有消去和引入量词的规则,以使得谓词演算的推理可以类似于命题演算的推理那样进行.所以,构造推理系统,还要给出如下四条重要的关于消去和引入量词的推理规则:

（a）全称量词消去规则(简称 US 规则)

$$\frac{\forall xP(x)}{\therefore P(y)} \quad \text{或} \quad \frac{\forall xP(x)}{\therefore P(c)},$$

其中横线上面的公式表示前提,下面的公式表示结论.这两个式子成立的条件是:

ⓐ 在第一个式子中,代替个体变元 x 的 y 应为任意不在 $P(x)$ 中约束出现的个体变元;

ⓑ 在第二个式子中,c 为任意个体常元.

注意　用个体变元 y 或 c 去代替 $P(x)$ 中自由出现的个体变元 x 时,一定要在个体变元 x 自由出现的一切地方进行代替.在使用 US 规则时,选择第一个式子还是第二个式子,要根据具体情况而定.

（b）全称量词引入规则(简称 UG 规则)

$$\frac{P(y)}{\therefore \forall x P(x)}.$$

该式成立的条件是:

ⓐ 个体变元 y 在 $P(y)$ 中自由出现,且 y 取任何值时 $P(y)$ 均为真;

ⓑ 用于代替自由出现的个体变元 y 的个体变元 x 也不能在 $P(y)$ 中约束出现.

（c）存在量词消去规则(简称 ES 规则)

$$\frac{\exists x P(x)}{\therefore P(c)}.$$

该式成立的条件是:

ⓐ c 是使 $P(c)$ 为真的特定的个体常元;

ⓑ c 不在 $P(x)$ 中出现.

注意　若 $P(x)$ 中除自由出现的个体变元 x 外,还有其他自由出现的个体变元,此规则不能使用.

（d）存在量词引入规则(简称 EG 规则)

$$\frac{P(c)}{\therefore \exists x P(x)}.$$

该式成立的条件是:

ⓐ c 是特定的个体常元;

ⓑ 代替 c 的个体变元 x 不能在 $P(c)$ 中出现.

这四条规则,只能对辖域为整个公式的量词使用,不能对出现在公式中间的量词使用.

US 规则和 ES 规则主要用于推理过程量词的删除.一旦删去量词,就可以像命题演算一样完成推理过程,从而获得相应的结论.UG 规则和 EG 规则主要用于讨论形式的量化.特别注意,使用 ES 规则而产生的自由变元不能留在结论中,因为它只是暂时的假设,在推理结束之前,必须利用 ES 规则使之成为约束变元.

还有一点需注意的是,只能对前束范式使用上述推理规则.

例 2.12　构造下面推理的证明(假设个体域为实数集 $\mathbb{R}$):

任何自然数都是整数.存在自然数,所以存在整数.

解　设 $F(x)$:x 为自然数,$G(x)$:x 为整数,则该推理的形式结构如下:

$$前提:\forall x(F(x)\to G(x)),\exists xF(x);$$

$$结论:\exists xG(x).$$

证明如下:

① $\exists xF(x)$　　　　　　(前提引入);

② $F(c)$　　　　　　　　(①,ES 规则);

③ $\forall x(F(x)\to G(x))$　(前提引入);

④ $F(c)\to G(c)$　　　　(③,US 规则);

⑤ $G(c)$　　　　　　　　(②,④,假言推理);

⑥ $\exists xG(x)$　　　　　　(⑤,EG 规则).

> **注意**　在例 2.12 的推理过程中,②与④的次序不能颠倒,应先使用 ES 规则,后使用 US 规则.

例 2.13　构造下面推理的证明(假设个体域为实数集 $\mathbb{R}$):

不存在能表示成分数的无理数,有理数都能表示成分数,因此有理数都不是无理数.

解　设 $Q(x)$:x 为有理数,$F(x)$:x 为无理数,$H(x)$:x 能表示成分数,则该推理的形式结构如下:

$$前提:\neg\exists x(F(x)\wedge H(x)),\forall x(Q(x)\to H(x));$$

$$结论:\forall x(Q(x)\to\neg F(x)).$$

证明如下:

① $\neg\exists x(F(x)\wedge H(x))$　(前提引入);

② $\forall x(\neg F(x)\vee\neg H(x))$　(①,置换规则);

③ $\forall x(H(x)\to\neg F(x))$　(②,置换规则);

④ $H(y)\to\neg F(y)$　　　(③,US 规则);

⑤ $\forall x(Q(x)\to H(x))$　(前提引入);

⑥ $Q(y)\to H(y)$　　　　(⑤,US 规则);

⑦ $Q(y)\to\neg F(y)$　　　(⑥,④,假言三段论);

⑧ $\forall x(Q(x)\to\neg F(x))$　(⑦,UG 规则).

> **注意**　在例 2.13 中,$\neg\exists x(F(x)\wedge H(x))$ 不是前束范式,因而不能对它使用 ES 规则.因为结论中的量词是全称量词 $\forall$,所以在使用 US 规则时采用第一个式子,而不能采用第二个式子.

例 2.14　证明苏格拉底三段论：凡是人都会死,苏格拉底是人,所以苏格拉底是会死的.

证明　个体域未指明,故应取为全总个体域.

设 $F(x)$：x 是人,$G(x)$：x 是会死的,a：苏格拉底,则苏格拉底三段论的形式结构如下：

$$前提：\forall x(F(x) \rightarrow G(x)),F(a)；$$

$$结论：G(a).$$

按如下步骤证明：

① $F(a)$　　　　　　　　（前提引入）；

② $\forall x(F(x) \rightarrow G(x))$　（前提引入）；

③ $F(a) \rightarrow G(a)$　　　（②,US 规则）；

④ $G(a)$　　　　　　　　（①,③,假言推理）.

 习题 2.5

1. 证明下列各式：

(a) $\forall x(\neg P(x) \rightarrow Q(x)),\forall x \neg Q(x) \Rightarrow \exists x P(x)$；

(b) $\forall x(P(x) \vee Q(x)) \Rightarrow \forall x P(x) \vee \exists x Q(x)$.

2. 构造下面推理的证明：

(a) 前提：$\exists x P(x) \rightarrow \forall y((P(y) \vee Q(y) \rightarrow R(y))),\exists x P(x)$；

　　结论：$\exists x R(x)$.

(b) 前提：$\forall x(P(x) \vee Q(x)),\neg \exists x Q(x)$；

　　结论：$\exists x P(x)$.

(c) 前提：$\forall x(P(x) \vee Q(x)),\forall x(\neg Q(x) \vee \neg R(x)),\forall x R(x)$；

　　结论：$\forall x P(x)$.

(d) 前提：$\exists x P(x) \rightarrow \forall x Q(x)$；

　　结论：$\forall x(P(x) \rightarrow Q(x))$.

3. 证明下列推理：

(a) 所有有理数都是实数,某些有理数是整数,因此某些实数是整数.

(b) 每个大学生不是文科学生,就是理科学生,有些大学生是优等生. 小张不是理科学生,但他是优等生. 因而,如果小张是大学生,那么他是文科学生.

(c) 偶数都能被 2 整除,而 8 是偶数,所以 8 能被 2 整除.

(d) 大学生都是勤奋的,小李不勤奋,所以小李不是大学生.

第 3 章 集合代数

集合论是现代数学的基础,它已渗透古典分析、概率论、信息论等领域.本章我们将要学习集合的基本概念、基本运算及其规律.

§3.1 集合的基本概念

集合是一个不能精确定义的基本概念.通常把具有共同性质的一些事物构成的整体称为一个集合,而这些事物称为这个集合的元素.例如,某个班级的全体学生构成一个集合,介于 0 与 1 之间的全体有理数构成一个集合,坐标平面上所有点构成一个集合.

一般用大写英文字母表示集合,而用小写英文字母表示集合的元素.若元素 x 属于集合 A,则记作 $x \in A$;若元素 x 不属于集合 A,则记作 $x \notin A$.

特别地,由全体自然数构成的集合,称为自然数集,记为 $\mathbb{N}$;由全体整数构成的集合,称为整数集,记为 $\mathbb{Z}$;由全体有理数构成的集合,称为有理数集,记为 $\mathbb{Q}$;由全体实数构成的集合,称为实数集,记为 $\mathbb{R}$;由全体复数构成的集合,称为复数集,记为 $\mathbb{C}$.另外,符号 $\mathbb{Z}^+,\mathbb{Z}^*$ 分别表示由全体正整数构成的集合和由全体非零整数构成的集合.可类似理解符号 $\mathbb{Q}^+,\mathbb{Q}^*,\mathbb{R}^+,\mathbb{R}^*$.

给定一个集合,即给出一种判别某个元素是否属于该集合的判别准则.一个集合,若它所含有元素的个数是有限的,则称之为有限集;否则,称之为无限集.

表示一个集合的方法通常有两种:穷举法和谓词表示法.穷举法,是指列出集合的所有元素,元素之间用逗号隔开,并把它们用花括号括起来,例如

$$A=\{a,b,c,\cdots,z\}, \quad B=\{0,3,6,9,12\}.$$

此时,集合中元素的次序是无关紧要的,重复的元素就看成一个元素.所以,除特殊说明外,均认为集合中的元素是不相同的.有时仅用穷举法很难描述给定的集合.谓词表示法,是指用谓词来概括集合中元素的共同性质,例如

$$C=\{x \mid x \in \mathbb{R},1<x^2<9\}.$$

特别地,不含有任何元素的集合叫作空集,记作 $\varnothing$.

定义 3.1 设 A,B 均为集合.如果 A 的每个元素都是 B 的元素,则称 A 是 B 的子集合(简称子集),记作 $A \subseteq B$.

例如,$\mathbb{N} \subseteq \mathbb{Z} \subseteq \mathbb{Q} \subseteq \mathbb{R} \subseteq \mathbb{C}$.

如果 A 不是 B 的子集,则记作 $A \nsubseteq B$.

子集的符号化定义为
$$A \subseteq B \Leftrightarrow \forall x (x \in A \to x \in B).$$

显然,对于任何集合 A,都有 $\varnothing \subseteq A, A \subseteq A$.

定义 3.2　　设 A, B 均为集合. 如果 $A \subseteq B$,且 $B \subseteq A$,则称 A 与 B 相等,记作 $A = B$.

如果 A 与 B 不相等,则记作 $A \neq B$.

集合相等的符号化定义为
$$A = B \Leftrightarrow A \subseteq B \wedge B \subseteq A.$$

定义 3.3　　设 A, B 均为集合. 如果 $A \subseteq B$,且 $A \neq B$,则称 A 是 B 的真子集,记作 $A \subset B$.

如果 A 不是 B 的真子集,则记作 $A \not\subset B$.

真子集的符号化定义为
$$A \subset B \Leftrightarrow A \subseteq B \wedge A \neq B.$$

在研究数理逻辑结构时,还需考虑某一包含所有讨论事物的集合. 这个集合称作全集,记作 U. 它是唯一的,任一讨论的集合 A 皆是全集 U 的子集.

在研究有限集时,集合所含有元素的个数称为集合的基数. 有限集 A 的基数记为 $|A|$. 设 A 中有 n 个元素,则 $|A| = n$.

定义 3.4　　设 A 为集合,把 A 的全体子集构成的集合叫作 A 的幂集,记作 $P(A)$ 或 2^A.

幂集的符号化定义为
$$P(A) = \{x \mid x \subseteq A\}.$$

如果 A 是有限集,且 $|A| = n$,则其幂集 $P(A)$ 含有 2^n 个元素. 事实上,
$$|P(A)| = C_n^0 + C_n^1 + \cdots + C_n^n = 2^n.$$

给定两个集合 A, B,可以通过它们的并、交、差、补等运算产生新的集合. 下面给出这些运算的定义:

　并　集合 A 与 B 的并记为 $A \cup B$,定义如下:
$$A \cup B = \{x \mid x \text{ 属于 } A, \text{或者属于 } B\};$$

　交　集合 A 与 B 的交记为 $A \cap B$ 或 AB,定义如下:
$$A \cap B = \{x \mid x \text{ 既属于 } A, \text{又属于 } B\};$$

　差　集合 A 与 B 的差记为 $A - B$,定义如下:
$$A - B = \{x \mid x \text{ 属于 } A, \text{而不属于 } B\};$$

补　集合 A 的补记为 $\overline{A}$，定义如下：

$$\overline{A} = \{x \mid x \text{ 属于全集 } U, \text{而不属于 } A\}.$$

对于任意集合 A，显然有

$$A \cup A = A, \quad A \cap A = A,$$
$$A \cup \varnothing = A, \quad A \cap \varnothing = \varnothing,$$
$$\overline{\overline{A}} = A, \quad A \cap \overline{A} = \varnothing.$$

设 A, B, C 为全集 U 的任意子集，容易验证集合的运算满足如下运算律：

(a) 交换律：$A \cup B = B \cup A$，$A \cap B = B \cap A$；

(b) 结合律：$(A \cup B) \cup C = A \cup (B \cup C)$，
$\qquad\qquad (A \cap B) \cap C = A \cap (B \cap C)$；

(c) 分配律：$A \cup (B \cap C) = (A \cup B) \cap (A \cup C)$，
$\qquad\qquad A \cap (B \cup C) = (A \cap B) \cup (A \cap C)$；

(d) 德摩根律：$\overline{A \cup B} = \overline{A} \cap \overline{B}$，$\overline{A \cap B} = \overline{A} \cup \overline{B}$.

习题 3.1

1. 在 $1 \sim 200$ 的整数中(1 和 200 包含在内)，分别求满足以下条件的整数个数：

(a) 同时能被 3,5 整除；

(b) 可以被 3 整除，但不能被 5 和 7 整除；

(c) 可以被 3 或 5 整除，但不能被 7 整除.

2. 化简下列集合的表达式：

(a) $(A - (B \cap C)) \cup (A \cap B \cap C)$；　　　(b) $(A \cap B) - (C - (A \cup B))$.

3. 设 A, B 均为任意集合，证明：

$$(A - B) \cup (B - A) = (A \cup B) - (A \cap B).$$

4. 设 A, B, C 均为任意集合，证明：

$$A \cup B = A \cup C \wedge A \cap B = A \cap C \Rightarrow B = C.$$

5. 设 A, B 均为任意集合，证明：

$$A \subseteq B \Rightarrow P(A) \subseteq P(B).$$

6. 设 A, B, C 均为集合，问：若 $A \cap B = A \cap C$，是否必有 $B = C$？

7. 设 A, B 均为集合，问：何时有 $B - A = A - B$？

8. 设 A, B 均为有限集，问：若 $|A \cup B| = |A|$，B 为何种集合？

§3.2 集合的计数

集合的计数理论及计数方法在数学与计算机科学中起着十分重要的作用,特别是在算法分析中具有独特的作用.

定理 3.1 若 A, B 均为有限集,则

$$|A \cup B| = |A| + |B| - |A \cap B|.$$

定理 3.1 可推广到有限个集合的情形. 例如,对于有限集 A, B, C,有

$$|A \cup B \cup C| = |A| + |B| + |C| - |A \cap B| - |B \cap C| - |A \cap C| + |A \cap B \cap C|.$$

例 3.1 设有两门选修课:艺术修养、道德修养. 某个班级学生的选修情况如下:26 人选艺术修养,20 人选道德修养,10 人同时选两门,15 人两门都不选. 问:该班级学生共有多少人?

解 设该班级学生共有 x 人,$A = \{选艺术修养的学生\}$,$B = \{选道德修养的学生\}$,则

$$
\begin{aligned}
x &= |A \cup B| + |\overline{A \cup B}| \\
&= |A| + |B| - |A \cap B| + |\overline{A \cup B}| \\
&= 26 + 20 - 10 + 15 = 51.
\end{aligned}
$$

加法原理 设完成任务 T 有 n 类方法,第 1 类有 m_1 种方法,第 2 类有 m_2 种方法……第 n 类有 m_n 种方法,那么完成任务 T 共有 $m_1 + m_2 + \cdots + m_n$ 种方法.

乘法原理 设完成任务 T 需由两种任务 T_1 和 T_2 依次完成,而完成任务 T_1 有 n_1 种方案,完成任务 T_2 有 n_2 种方案,则完成 T 任务共有 $n_1 n_2$ 种方案.

一般地,若完成任务 T 需由 k 种任务 $T_1, T_2, \cdots, T_k$ 依次完成,而完成任务 $T_i (i = 1, 2, \cdots, k)$ 有 n_i 种方案,则完成任务 T 有 $n_1 n_2 \cdots n_k$ 种方案.

排列数 若集合 A 含有 n 个元素,从 A 中一次取 $r (1 \leqslant r \leqslant n)$ 个元素的不同排列数记为 P_n^r,则

$$P_n^r = n(n-1) \cdots (n-r+1).$$

例 3.2 从单词 study 中可以取出多少个由 3 个不同字母组成的字符串?

解 可以取出 $P_5^3 = 60$ 个满足要求的字符串.

若 n 个元素中含有 t 种元素,且第 j 种元素共有 $k_j(j=1,2,\cdots,t)$ 个重复元素,即

$$\sum_{j=1}^{t} k_j = n,$$

则由这 n 个元素组成的不同排列数为

$$\frac{n!}{k_1! \, k_2! \cdots k_t!}.$$

例 3.3　求由字符串 sttaaastb 中的字母可以组成的不同字符串个数.

解　可以组成 $\dfrac{9!}{2! \cdot 3! \cdot 3! \cdot 1!} = 5040$ 个不同的字符串.

组合数　若集合 A 含有 n 个元素,从 A 中一次取 $r(1 \leqslant r \leqslant n)$ 个元素的不同组合数记为 C_n^r,则

$$C_n^r = \frac{n!}{r!(n-r)!}.$$

例 3.4　在平面上给定 20 个点,其中任意 3 个点都不在同一直线上.过 2 个点可以作一条直线,以 3 个点为顶点可以作一个三角形.问:这样的直线和三角形各有多少?

解　直线条数为 $k_1 = C_{20}^2 = 190$.

三角形个数为 $k_2 = C_{20}^3 = 1140$.

随机现象里也存在着一些计数问题.

例 3.5　一个盒子装有 6 个球,其中 4 个红球,2 个白球.采用放回抽样方式从该盒子中取 2 次球,每次随机取 1 个,求取到的 2 个球都是红球的概率.

解　设 A 表示事件“取到的 2 个球都是红球”,则所求的概率为

$$P(A) = \frac{C_4^1 C_4^1}{6^2} = \frac{4 \times 4}{6 \times 6} \approx 0.444.$$

例 3.6　将 n 个球随机放入 $N(N \geqslant n)$ 个盒子中,试求每个盒子至多有 1 个球的概率(设盒子的容量不限).

解　将 n 个球放入 N 个盒子中,每种放法是一个基本事件,所以所求的概率为

$$p = \frac{P_N^n}{N^n} = \frac{N(N-1) \cdots (N-n+1)}{N^n}.$$

习题 3.2

1. 设有三门选修课：艺术修养、生物、计算机. 某个学院学生的选修情况如下：260 人选艺术修养，208 人选生物，160 人选计算机，76 人同时选艺术修养与生物，48 人同时选艺术修养与计算机，62 人同时选生物与计算机，30 人同时选三门，150 人三门都不选. 问：

(a) 该学院学生共有多少人？

(b) 有多少人同时选艺术修养与生物，但不选计算机？

2. 从 $1, 2, \cdots, 300$ 中任取 3 个数，使得它们的和能被 3 整除，问：有多少种取法？

3. 从 5 种规格的晶体管中任选 3 种且从 3 种规格的电阻中任选 2 种，组成一个电路，问：共有多少种选择方法？

4. 在 $1 \sim 2000$ 的 2000 个整数中随机取 1 个，问：取到的整数既不能被 6 整除，又不能被 8 整除的概率是多少？

第4章

二元关系

　　二元关系是一个基本概念,在日常生活中常见的兄弟关系、位置关系,上下级关系、程序间调用关系等都属于二元关系.它在数学各领域中均有许多应用,并且在计算机科学研究中的许多方面,如数据结构、数据库、情报检索、算法分析和计算理论等,都是很好的数学工具.

§ 4.1 序偶与笛卡儿积

定义 4.1   由任意两个元素 x 和 y 按一定顺序排列成的二元组叫作一个**序偶**,记作$\langle x,y \rangle$,其中 x 称为它的第一元素,y 称为它的第二元素.

序偶$\langle x,y \rangle$与$\langle u,v \rangle$相等当且仅当 $x=u$ 且 $y=v$.

序偶$\langle x,y \rangle$中的两个元素不一定来自同一个集合,它们可以代表不同类型的事物.例如,计算机中 a 号通道的 b 号控制器,可用$\langle a,b \rangle$表示;某个班级的学生 x 选修课程 y,可用序偶$\langle x,y \rangle$表示.

定义 4.2   设 A,B 均为集合,用 A 中的元素作为第一元素,B 中的元素作为第二元素构成序偶.所有这样的序偶组成的集合叫作 A 和 B 的笛卡儿(Descartes)积,记作 $A \times B$.

笛卡儿积 $A \times B$ 的符号化定义为

$$A \times B = \{\langle x,y \rangle \mid x \in A \wedge y \in B\}.$$

例 4.1   设集合 $A=\{1,2,3\}$,$B=\{a,b\}$,则

$$A \times B = \{\langle 1,a \rangle,\langle 1,b \rangle,\langle 2,a \rangle,\langle 2,b \rangle,\langle 3,a \rangle,\langle 3,b \rangle\},$$
$$B \times A = \{\langle a,1 \rangle,\langle a,2 \rangle,\langle a,3 \rangle,\langle b,1 \rangle,\langle b,2 \rangle,\langle b,3 \rangle\}.$$

可见,有 $|A \times B| = |A| \, |B|$.

一般地,如果 $|A|=m$,$|B|=n$,则

$$|A \times B| = |A| \, |B| = mn.$$

例 4.2   平面上直角坐标中的所有点组成的集合可以用笛卡儿积来表示,即

$$\mathbb{R} \times \mathbb{R} = \{\langle x,y \rangle \mid x,y \in \mathbb{R}\}.$$

笛卡儿积运算具有以下性质:

(a) 对于任意集合 A,有

$$A \times \varnothing = \varnothing = \varnothing \times A;$$

(b) 一般地,笛卡儿积运算不满足交换律,即

$$A \times B \neq B \times A;$$

(c) 一般地,笛卡儿积运算不满足结合律,即

$$(A \times B) \times C \neq A \times (B \times C);$$

(d) 笛卡儿积运算对并和交运算满足分配律,即

$$A \times (B \cup C) = (A \times B) \cup (A \times C),$$
$$(B \cup C) \times A = (B \times A) \cup (C \times A),$$
$$A \times (B \cap C) = (A \times B) \cap (A \times C),$$
$$(B \cap C) \times A = (B \times A) \cap (C \times A).$$

证明 只证(d)中的第三个等式,其余证明留作练习.

因为
$$\langle x,y \rangle \in A \times (B \cap C) \Leftrightarrow x \in A \wedge y \in B \cap C$$
$$\Leftrightarrow x \in A \wedge (y \in B \wedge y \in C)$$
$$\Leftrightarrow (x \in A \wedge y \in B) \wedge (x \in A \wedge y \in C)$$
$$\Leftrightarrow \langle x,y \rangle \in A \times B \wedge \langle x,y \rangle \in A \times C,$$

所以
$$A \times (B \cap C) = (A \times B) \cap (A \times C).$$

例 4.3 设集合 $A = \{a,b\}$,求 $P(A) \times A$.

解 $P(A) \times A = \{\varnothing, \{a\}, \{b\}, \{a,b\}\} \times \{a,b\}$
$$= \{\langle \varnothing,a \rangle, \langle \varnothing,b \rangle, \langle \{a\},a \rangle, \langle \{a\},b \rangle, \langle \{b\},a \rangle,$$
$$\langle \{b\},b \rangle, \langle \{a,b\},a \rangle, \langle \{a,b\},b \rangle\}.$$

由于两个集合的笛卡儿积仍是集合,故可以对集合进行多次笛卡儿积运算.

设有 $n(n \geq 2)$ 个集合 $A_1, A_2, \cdots, A_n$,定义它们的笛卡儿积为
$$A_1 \times A_2 \times \cdots \times A_n = (A_1 \times A_2 \times \cdots \times A_{n-1}) \times A_n$$
$$= \{\langle x_1, x_2, \cdots, x_n \rangle \mid x_i \in A_i, i=1,2,\cdots,n\}.$$

特别地,对于集合 A,记
$$A \times A = A^2, \quad A \times A \times A = A^3, \quad \cdots,$$
$$\underbrace{A \times A \times \cdots \times A}_{n\text{个}} = A^n.$$

例 4.4 判断下列命题是否为真,并说明理由:

(a) $A \times B = A \times C \Rightarrow B = C$,其中 A,B,C 均为集合;

(b) 存在集合 A,使得 $A \subseteq A \times A$.

解 (a) 不一定为真.例如,当 $A = \varnothing, B = \{a\}, C = \{b\}(a \neq b)$时,有
$$A \times B = A \times C = \varnothing,$$
但 $B \neq C$.

(b) 为真.例如,当 $A = \varnothing$ 时,有 $A \subseteq A \times A$ 成立.

习题 4.1

1. 求出下列各式中的 x, y：

(a) $\langle 3x, 2 \rangle = \langle 15, y \rangle$；　　(b) $\langle x-1, 2y+1 \rangle = \langle 3, 3 \rangle$.

2. 设集合 $A = \{\varnothing, \{\varnothing\}\}$，求 $A \times P(A)$.

3. 设 A, B, C, D 均为任意集合，证明：

(a) 若 $A \subseteq C, B \subseteq D$，则 $A \times B \subseteq C \times D$；

(b) 若 $A \times A = B \times B$，则 $A = B$.

4. 设集合 $A = \{1, 2, 3\}, B = \{x, y\}, C = \{\sharp, \varnothing\}$，求 $A \times B \times C$.

§4.2　二元关系

给定一个集合，其元素之间往往存在某些关系. 例如，由一个家庭所有成员构成的集合，其元素之间存在夫妻关系或上下辈关系；由所有程序构成的集合，其元素之间可能存在调用关系. 此外，在日常生活中，许多事物是成对出现的，而且它们的出现具有一定的顺序. 这种元素或事物之间的关系，可以用序偶来描述. 为此，需要研究由序偶构成的集合——二元关系.

定义 4.3　如果一个集合满足以下条件之一：

(a) 该集合非空，且它的元素都是序偶；

(b) 该集合是空集，

则称该集合为一个二元关系（简称关系）.

通常用 R 表示二元关系. 对于二元关系 R，如果序偶 $\langle x, y \rangle \in R$，则记作 xRy；如果 $\langle x, y \rangle \notin R$，则记作 $x\cancel{R}y$.

例如，设集合 $R_1 = \{\langle x, y \rangle, \langle 0, 1 \rangle\}, R_2 = \{\langle x, y \rangle, x\}$，则 R_1 是二元关系，R_2 不是二元关系.

定义 4.4　设 A, B 均为集合，$A \times B$ 的任何子集所定义的二元关系叫作从 A 到 B 的二元关系. 特别地，当 $A = B$ 时，这些二元关系叫作 A 上的二元关系.

例 4.5　设集合 $A=\{a,b\}, B=\{x,y\}$,则

$$R_1=\{\langle a,x\rangle,\langle a,y\rangle\},\quad R_2=\{\langle b,x\rangle\},$$

$$R_3=\varnothing,\quad R_4=\{\langle a,a\rangle,\langle a,b\rangle,\langle b,a\rangle\}$$

都是二元关系,其中 R_1,R_2,R_3 都是从 A 到 B 的二元关系,而 R_4 是 A 上的二元关系,此外 R_3 同时也是 A 上的二元关系.

集合 A 上的二元关系的个数依赖于 A 的元素个数. 如果 $|A|=n$,那么 $|A\times A|=n^2$,$A\times A$ 的子集就有 2^{n^2} 个,从而 A 上有 2^{n^2} 个不同的二元关系. 若集合 B 的元素个数为 m,则从 A 到 B 的所有不同的二元关系个数为 2^{mn}.

对于任何集合 A,空集 $\varnothing$ 为 $A\times A$ 的子集,称之为 A 上的空关系.

定义 4.5　对于任意集合 A,分别定义 A 上的全域关系 E_A 和恒等关系 I_A 如下:

$$E_A=\{\langle x,y\rangle \mid x\in A\wedge y\in A\}=A\times A,$$

$$I_A=\{\langle x,x\rangle \mid x\in A\}.$$

例如,设集合 $A=\{a,b,c\}$,则

$$E_A=\{\langle a,a\rangle,\langle a,b\rangle,\langle a,c\rangle,\langle b,a\rangle,\langle b,b\rangle,$$
$$\langle b,c\rangle,\langle c,a\rangle,\langle c,b\rangle,\langle c,c\rangle\},$$
$$I_A=\{\langle a,a\rangle,\langle b,b\rangle,\langle c,c\rangle\}.$$

还有一些常用的二元关系,如

$$R_{\leqslant}=\{\langle x,y\rangle \mid x,y\in A\wedge x\leqslant y\}\quad (A\subseteq \mathbb{R}),$$

$$R_{|}=\{\langle x,y\rangle \mid x,y\in A\wedge x\text{ 整除 }y\}\quad (A\subseteq \mathbb{Z}^*),$$

$$R_{\subseteq}=\{\langle x,y\rangle \mid x,y\in\mathscr{A}\wedge x\subseteq y\}\quad (\mathscr{A}\text{ 是集合族}),$$

它们依次叫作 A 上的小于或等于关系、A 上的整除关系、$\mathscr{A}$ 上的包含关系. 类似地,还可以定义 A 上的大于或等于关系 $R_{\geqslant}$、大于关系 $R_{>}$、小于关系 $R_{<}$ 等.

例 4.6　设集合 $A=\{1,2,3,4\}$,A 上的二元关系 $R=\left\{\langle x,y\rangle \,\middle|\, x,y\in A\wedge \dfrac{x-y}{2}\text{ 是整数}\right\}$,称 R 为 A 上的模 2 同余关系. 试用列元素法表示 R.

解　$R=\{\langle 1,1\rangle,\langle 2,2\rangle,\langle 3,3\rangle,\langle 4,4\rangle,\langle 1,3\rangle,\langle 3,1\rangle,\langle 2,4\rangle,\langle 4,2\rangle\}$.

对于二元关系,除了可以用序偶集合来表示外,还有两种表示方式:关系矩阵和关系图.

设 $A=\{x_1,x_2,\cdots,x_m\}$，$B=\{y_1,y_2,\cdots,y_n\}$ 均为有限集，R 为从 A 到 B 的一个二元关系，则二元关系 R 可以用矩阵 $(m_{ij})_{m\times n}$ 来表示，其中

$$m_{ij}=\begin{cases}1, & \langle x_i,y_j\rangle\in R, \\ 0, & \langle x_i,y_j\rangle\notin R\end{cases}\qquad(i=1,2,\cdots,m;j=1,2,\cdots,n).$$

我们称该矩阵为二元关系 R 的关系矩阵，记作 $\boldsymbol{M}_R$.

二元关系 R 还可以用有向图来表示，并称这个有向图为关系图，其画法如下：在平面上作 m 个点，记为 $x_i(i=1,2,\cdots,m)$；再作 n 个点，记为 $y_j(j=1,2,\cdots,n)$. 对于所有的 i,j，若 x_iRy_j，则从 x_i 到 y_j 作一条有向弧，方向指向 y_j；若 $x_i\overline{R}y_j$，则从 x_i 到 y_j 无有向弧. 这样作出的有向图就是二元关系 R 的关系图，通常记此关系图为 G_R，其中的点称为结点. 特别地，对于 A 上的二元关系 R，若 $x_iRx_i(x_i\in A)$，则过 x_i 画一个有向圈.

由于关系图主要表达结点与结点之间的邻接关系，故关系图中结点的相对位置，有向弧的曲直、长短均无关紧要. 另外，关系图中的有向弧也称为有向边（简称边）.

例 4.7　设集合 $A=\{1,2,3,4\}$，则 A 上小于关系 $R_<$ 的关系矩阵是

$$\boldsymbol{M}_{R_<}=\begin{pmatrix}0 & 1 & 1 & 1 \\ 0 & 0 & 1 & 1 \\ 0 & 0 & 0 & 1 \\ 0 & 0 & 0 & 0\end{pmatrix},$$

图 4-1

关系图 $G_{R_<}$ 如图 4-1 所示.

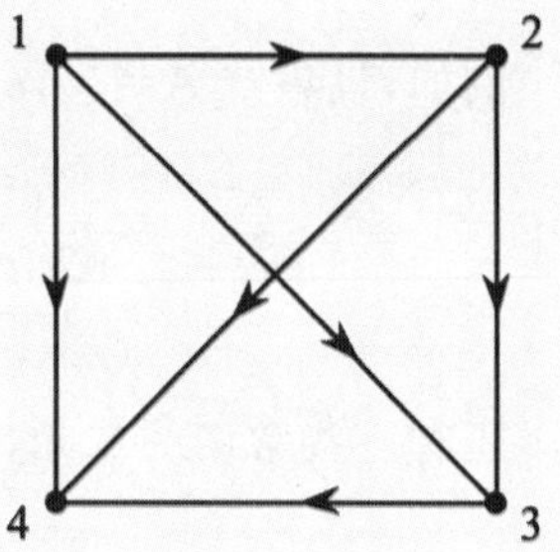

对于给定的从集合 A 到集合 B 的二元关系，可以用三种方式来表示：序偶集合、关系矩阵、关系图. 三者是统一的，使用时可以任选一种.

由于二元关系是序偶集合，故同一集合上的二元关系可以进行集合的所有代数运算，这时取全域关系为全集.

例 4.8　设集合 $A=\{1,2,3,4\}$，A 上的二元关系

$$R=\left\{\langle x,y\rangle\,\Big|\,x,y\in A\wedge\frac{x-y}{2}\text{是整数}\right\},\qquad S=\left\{\langle x,y\rangle\,\Big|\,x,y\in A\wedge\frac{x-y}{3}\text{是整数}\right\},$$

求 $R\cup S,R\cap S,\overline{R},R-S$.

解　$R=\{\langle 1,1\rangle,\langle 2,2\rangle,\langle 3,3\rangle,\langle 4,4\rangle,\langle 1,3\rangle,\langle 3,1\rangle,\langle 2,4\rangle,\langle 4,2\rangle\}$，

$S=\{\langle 1,1\rangle,\langle 2,2\rangle,\langle 3,3\rangle,\langle 4,4\rangle,\langle 1,4\rangle,\langle 4,1\rangle\}$，

$$R \cup S = \{\langle 1,1 \rangle, \langle 2,2 \rangle, \langle 3,3 \rangle, \langle 4,4 \rangle, \langle 1,3 \rangle, \langle 1,4 \rangle,$$
$$\langle 2,4 \rangle, \langle 3,1 \rangle, \langle 4,1 \rangle, \langle 4,2 \rangle\},$$
$$R \cap S = \{\langle 1,1 \rangle, \langle 2,2 \rangle, \langle 3,3 \rangle, \langle 4,4 \rangle\},$$
$$\overline{R} = \{\langle 1,2 \rangle, \langle 2,1 \rangle, \langle 2,3 \rangle, \langle 3,2 \rangle, \langle 3,4 \rangle, \langle 4,3 \rangle, \langle 1,4 \rangle, \langle 4,1 \rangle\},$$
$$R - S = \{\langle 1,3 \rangle, \langle 3,1 \rangle, \langle 2,4 \rangle, \langle 4,2 \rangle\}.$$

一般地,若 R 和 S 是从集合 A 到集合 B 的两个二元关系,则 R 与 S 的并、交、补、差仍是从集合 A 到集合 B 的二元关系.事实上,因 $R \subseteq A \times B, S \subseteq A \times B$,故

$$R \cup S \subseteq A \times B, \quad R \cap S \subseteq A \times B,$$
$$\overline{R} = (A \times B - R) \subseteq A \times B,$$
$$R - S = R \cap \overline{S} \subseteq A \times B.$$

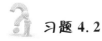 **习题 4.2**

1. 写出下列二元关系 R 的序偶集合:

(a) $xRy \Leftrightarrow x,y \in A \wedge x + y \neq 3$,其中 $A = \{1,2,3,4\}$.

(b) $xRy \Leftrightarrow x,y \in \wedge \dfrac{x}{y} \in A$,其中 $A = \{1,2,3,4\}$.

2. 列出从集合 $A = \{a,b\}$ 到集合 $B = \{s,t\}$ 的所有二元关系.

3. 设集合 $A = \{1,2,3,4,5\}$,A 上的二元关系
$$R = \{\langle x,y \rangle \mid x,y \in A \wedge x \text{ 与 } y \text{ 是互质的}\},$$
给出 R 的关系图和关系矩阵.

4. 设集合 $A = \{1,2,3,4\}$,A 上的二元关系
$$R = \{\langle 1,2 \rangle, \langle 2,3 \rangle, \langle 3,3 \rangle\},$$
$$S = \{\langle 1,3 \rangle, \langle 2,3 \rangle, \langle 4,2 \rangle\},$$
求: $R \cup S, R \cap S, R - S, \overline{R}$.

§4.3 二元关系的运算

本节主要介绍二元关系的三种基本运算:逆运算、复合运算、幂运算.

定义 4.6　设 R 是二元关系.

（a）由 R 中所有序偶的第一元素构成的集合,称为 R 的定义域,记作 dom$R$,即

$$\text{dom}R=\{x\mid \exists y(xRy)\};$$

（b）由 R 中所有序偶的第二元素构成的集合,称为 R 的值域,记作 ran$R$,即

$$\text{ran}R=\{y\mid \exists x(xRy)\};$$

（c）R 的定义域和值域的并,称为 R 的域,记作 fld$R$,即

$$\text{fld}R=\text{dom}R\bigcup\text{ran}R.$$

例 4.9　设二元关系 $R=\{\langle a,b\rangle,\langle a,c\rangle,\langle b,c\rangle,\langle c,d\rangle\}$,则

$$\text{dom}R=\{a,b,c\},\quad \text{ran}R=\{b,c,d\},\quad \text{fld}R=\{a,b,c,d\}.$$

定义 4.7　设 R 为二元关系,R 的逆关系(简称逆)记作 R^{-1},定义为

$$R^{-1}=\{\langle x,y\rangle\mid yRx\}.$$

定义 4.8　设 R,S 均为二元关系,S 对 R 的右复合关系(简称右复合)记作 $R\circ S$,定义为

$$R\circ S=\{\langle x,z\rangle\mid \exists y(xRy\wedge ySz)\}.$$

例 4.10　设集合 $A=\{a,b,c,d\}$,A 上的二元关系

$$R=\{\langle a,b\rangle,\langle c,d\rangle,\langle b,b\rangle\},\quad S=\{\langle d,b\rangle,\langle b,c\rangle,\langle c,a\rangle\},$$

则

$$R^{-1}=\{\langle b,a\rangle,\langle d,c\rangle,\langle b,b\rangle\},\quad R\circ S=\{\langle a,c\rangle,\langle c,b\rangle,\langle b,c\rangle\},$$
$$S\circ R=\{\langle d,b\rangle,\langle b,d\rangle,\langle c,b\rangle\},\quad R\circ R=\{\langle a,b\rangle,\langle b,b\rangle\}.$$

可以利用关系图来求右复合关系,具体见例 4.11.

例 4.11　设集合

$$A=\{x_1,x_2,x_3\},\quad B=\{y_1,y_2,y_3\},\quad C=\{z_1,z_2,z_3\},$$

从 A 到 B 的二元关系

$$R=\{\langle x_1,y_1\rangle,\langle x_1,y_2\rangle,\langle x_2,y_2\rangle\},$$

从 B 到 C 的二元关系

$$S=\{\langle y_1,z_2\rangle,\langle y_2,z_3\rangle,\langle y_3,z_3\rangle\}.$$

在 R,S 的关系图[图 4-2(a)]中,将结点从 A 到 C 首尾相连即可得到右复合关系 $R\circ S$ 的关系图[图 4-2(b)],从而可求出 $R\circ S$:

$$R\circ S=\{\langle x_1,z_2\rangle,\langle x_1,z_3\rangle,\langle x_2,z_3\rangle\}.$$

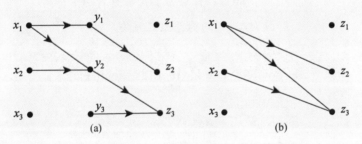

图　4-2

也可以利用关系矩阵来求右复合关系.下面以例子来说明具体的方法.

例 4.12　利用关系矩阵求例 4.11 中的右复合关系.

解　可知

$$M_R=\begin{pmatrix}1&1&0\\0&1&0\\0&0&0\end{pmatrix}\triangleq(u_{ij}),\quad M_S=\begin{pmatrix}0&1&0\\0&0&1\\0&0&1\end{pmatrix}\triangleq(v_{ij}),$$

则

$$M_{R\circ S}=M_R\times M_S=(\omega_{ik}),$$

其中 $M_R\times M_S$ 为布尔积,即

$$\omega_{ik}=\bigvee_{j=1}^{3}(u_{ij}\wedge v_{jk})\quad(i,k=1,2,3).$$

故有

$$M_{R\circ S}=\begin{pmatrix}0&1&1\\0&0&1\\0&0&0\end{pmatrix},$$

即

$$R\circ S=\{\langle x_1,z_2\rangle,\langle x_1,z_3\rangle,\langle x_2,z_3\rangle\}.$$

类似地,也可以定义二元关系的左复合关系(简称左复合),即

$$R \circ S = \{\langle x,z \rangle \mid \exists y(xSy \wedge yRz)\}.$$

本书采用右复合的定义,并将右复合简称为复合.

规定:本节所定义的二元关系运算中逆运算优先于其他运算,所有二元关系运算都优先于集合运算.

二元关系的复合运算及逆运算具有如下性质:

(a) 设 R,S,T 均为任意二元关系,则

ⓐ $(R^{-1})^{-1} = R$;

ⓑ $\text{dom}R^{-1} = \text{ran}R$, $\text{ran}R^{-1} = \text{dom}R$;

ⓒ $R \circ S \neq S \circ R$;

ⓓ $(R \circ S) \circ T = R \circ (S \circ T)$;

ⓔ $(R \circ S)^{-1} = S^{-1} \circ R^{-1}$.

(b) 设 R 为集合 A 上的二元关系,则

$$R \circ I_A = I_A \circ R = R.$$

(c) 设 R,S,T 均为任意二元关系,则

ⓐ $R \circ (S \cup T) = R \circ S \cup R \circ T$;

ⓑ $(S \cup T) \circ R = S \circ R \cup T \circ R$;

ⓒ $R \circ (S \cap T) \subseteq R \circ S \cap R \circ T$;

ⓓ $(S \cap T) \circ R \subseteq S \circ R \cap T \circ R$.

证明　只证性质(a)中的ⓓ,ⓔ和性质(c)中的ⓓ,其他性质的证明留作练习.

因为

$$
\begin{aligned}
\langle x,z \rangle \in (R \circ S) \circ T &\Leftrightarrow \exists y(\langle x,y \rangle \in R \circ S \wedge \langle y,z \rangle \in T)\\
&\Leftrightarrow \exists y(\exists t(\langle x,t \rangle \in R \wedge \langle t,y \rangle \in S) \wedge \langle y,z \rangle \in T)\\
&\Leftrightarrow \exists y \exists t(\langle x,t \rangle \in R \wedge \langle t,y \rangle \in S \wedge \langle y,z \rangle \in T)\\
&\Leftrightarrow \exists t(\langle x,t \rangle \in R \wedge \exists y(\langle t,y \rangle \in S \wedge \langle y,z \rangle \in T))\\
&\Leftrightarrow \exists t(\langle x,t \rangle \in R \wedge \langle t,z \rangle \in S \circ T)\\
&\Leftrightarrow \langle x,z \rangle \in R \circ (S \circ T),
\end{aligned}
$$

所以

$$(R \circ S) \circ T = R \circ (S \circ T),$$

即性质(a)中的ⓓ成立.

因为

$$
\begin{aligned}
\langle x,y \rangle \in (R \circ S)^{-1} &\Leftrightarrow \langle y,x \rangle \in R \circ S\\
&\Leftrightarrow \exists t(\langle y,t \rangle \in R \wedge \langle t,x \rangle \in S)
\end{aligned}
$$

$$\Leftrightarrow \exists t(\langle x,t\rangle \in S^{-1} \wedge \langle t,y\rangle \in R^{-1})$$

$$\Leftrightarrow \langle x,y\rangle \in R^{-1} \circ S^{-1},$$

所以

$$(R\circ S)^{-1} = S^{-1} \circ R^{-1},$$

即性质(a)中的ⓒ成立.

因为

$$\langle x,y\rangle \in (S\cap T)\circ R$$

$$\qquad \Leftrightarrow \exists t(\langle x,t\rangle \in S\cap T \wedge \langle t,y\rangle \in R)$$

$$\qquad \Leftrightarrow \exists t(\langle x,t\rangle \in S \wedge \langle t,y\rangle \in R \wedge \langle x,t\rangle \in T \wedge \langle t,y\rangle \in R)$$

$$\qquad \Rightarrow \exists t(\langle x,t\rangle \in S \wedge \langle t,y\rangle \in R) \wedge \exists t(\langle x,t\rangle \in T \wedge \langle t,y\rangle \in R)$$

$$\qquad \Leftrightarrow \langle x,y\rangle \in S\circ R \wedge \langle x,y\rangle \in T\circ R$$

$$\qquad \Leftrightarrow \langle x,y\rangle \in S\circ R \cap T\circ R,$$

所以

$$(S\cap T)\circ R \subseteq S\circ R \cap T\circ R,$$

即性质(c)中的ⓓ成立.

定义 4.9　设 R 为集合 A 上的二元关系,n 为自然数,则 R 的 n 次幂 R^n 定义如下:

(a) 当 $n=0$ 时,$R^0 = \{\langle x,x\rangle \mid x\in A\} = I_A$;

(b) 当 $n\geqslant 1$ 时,$R^n = R^{n-1}\circ R$.

例 4.13　设集合 $A=\{a,b,c\}$,A 上的二元关系

$$R = \{\langle a,b\rangle, \langle b,a\rangle, \langle b,c\rangle\},$$

求 R 的各次幂.

解　易知 R 的关系矩阵为

$$M_R = \begin{pmatrix} 0 & 1 & 0 \\ 1 & 0 & 1 \\ 0 & 0 & 0 \end{pmatrix},$$

所以 R^2, R^3 的关系矩阵分别是

$$M_{R^2} = \begin{pmatrix} 0 & 1 & 0 \\ 1 & 0 & 1 \\ 0 & 0 & 0 \end{pmatrix} \times \begin{pmatrix} 0 & 1 & 0 \\ 1 & 0 & 1 \\ 0 & 0 & 0 \end{pmatrix} = \begin{pmatrix} 1 & 0 & 1 \\ 0 & 1 & 0 \\ 0 & 0 & 0 \end{pmatrix},$$

$$M_{R^3} = M_{R^2} \times M_R = \begin{pmatrix} 1 & 0 & 1 \\ 0 & 1 & 0 \\ 0 & 0 & 0 \end{pmatrix} \times \begin{pmatrix} 0 & 1 & 0 \\ 1 & 0 & 1 \\ 0 & 0 & 0 \end{pmatrix} = \begin{pmatrix} 0 & 1 & 0 \\ 1 & 0 & 1 \\ 0 & 0 & 0 \end{pmatrix}.$$

因此 $\boldsymbol{M}_{R^3} = \boldsymbol{M}_R$,即 $R^3 = R$. 由此可以得到

$$R^2 = R^4 = R^6 = \cdots, \quad R = R^3 = R^5 = \cdots.$$

而 R^0,即 I_A 的关系矩阵是

$$\boldsymbol{M}_{R^0} = \begin{bmatrix} 1 & 0 & 0 \\ 0 & 1 & 0 \\ 0 & 0 & 1 \end{bmatrix},$$

所以

$$R^0 = \{\langle a, a \rangle, \langle b, b \rangle, \langle c, c \rangle\}.$$

另外,由 $\boldsymbol{M}_{R^2}$ 可得到

$$R^2 = \{\langle a, a \rangle, \langle a, c \rangle, \langle b, b \rangle\}.$$

二元关系的幂运算具有如下性质:

(a) 设 R 为集合 A 上的二元关系,m, n 均为自然数,则

ⓐ $R^m \circ R^n = R^{m+n}$;

ⓑ $(R^m)^n = R^{mn}$.

(b) 设集合 A 含有 n 个元素,R 是 A 上的二元关系,则存在自然数 s 和 t,使得 $R^s = R^t$.

证明　(a) 由定义 4.9 立即可知结论成立.

(b) 因为 R 为 A 上的二元关系,所以对于任何自然数 k,有 $R^k \subseteq A \times A$. 而

$$|A \times A| = n^2, \quad |\mathrm{P}(A \times A)| = 2^{n^2}.$$

当列出 R 的所有次幂 $R^0, R^1, R^2, \cdots, R^{2^{n^2}}, \cdots$ 时,必存在自然数 s 和 t,使得 $R^s = R^t$.

 习题 4.3

1. 设集合 $A = \{1, 2, 3, 4\}$,A 上的二元关系

$$R = \{\langle 1, 1 \rangle, \langle 1, 2 \rangle, \langle 2, 3 \rangle, \langle 3, 4 \rangle, \langle 4, 1 \rangle\},$$
$$S = \{\langle 2, 3 \rangle, \langle 3, 1 \rangle, \langle 4, 4 \rangle\},$$

(a) 求 $R \circ S, S \circ R, R^{-1}, S^2$.

(b) 给出 R 的关系矩阵和关系图.

(c) 是否有 $\langle 1, 3 \rangle \in R \circ S$? 是否有 $\langle 1, 4 \rangle \in S \circ R$?

2. 设二元关系

$$R = \{\langle 1, 2 \rangle, \langle 2, 3 \rangle, \langle 3, 4 \rangle\}, \quad S = \{\langle 1, 1 \rangle, \langle 1, 3 \rangle, \langle 3, 4 \rangle\},$$

求 $R \cup S, R \cap S, \mathrm{dom}(R \cup S), \mathrm{ran}(R \cap S)$.

3. 设集合 $A=\{1,2,3\}$,试给出 A 上两个不同的二元关系 R_1 和 R_2,使得
$$R_1^2 = R_1, \quad R_2^2 = R_2.$$

4. 设 R 和 S 为集合 A 上的二元关系,证明:

(a) $(R \cup S)^{-1} = R^{-1} \cup S^{-1}$;　　(b) $(R \cap S)^{-1} = R^{-1} \cap S^{-1}$;

(c) $(R \times S)^{-1} = S \times R$;　　　　(d) $(R-S)^{-1} = R^{-1} - S^{-1}$.

§4.4　二元关系的性质

二元关系的某些特殊性质在以后研究二元关系中起到很大的作用.二元关系的性质主要有以下五种:自反性、反自反性、对称性、反对称性、传递性.在这一节中,我们将对这五种主要性质进行描述及说明.

定义 4.10　设 R 为集合 A 上的二元关系.

(a) 若 $\forall x(x \in A \rightarrow \langle x,x \rangle \in R)$,则称 R 在 A 上是自反的;

(b) 若 $\forall x(x \in A \rightarrow \langle x,x \rangle \notin R)$,则称 R 在 A 上是反自反的.

例 4.14　实数集 $\mathbb{R}$ 上的小于或等于关系、任一集合 A 的幂集 $\mathrm{P}(A)$ 上的包含关系都是自反关系,而 $\mathbb{R}$ 上的小于关系、$\mathrm{P}(A)$ 上的真包含关系都是反自反关系.

例 4.15　设集合 $A=\{a,b,c\}$,A 上的二元关系
$$R=\{\langle a,a \rangle, \langle b,b \rangle, \langle a,b \rangle\},$$
则 R 既不是自反的,也不是反自反的.

定义 4.11　设 R 为集合 A 上的二元关系.

(a) 若 $\forall x \forall y(x,y \in A \wedge \langle x,y \rangle \in R \rightarrow \langle y,x \rangle \in R)$,则称 R 在 A 上是对称的;

(b) 若 $\forall x \forall y(x,y \in A \wedge \langle x,y \rangle \in R \wedge \langle y,x \rangle \in R \rightarrow x=y)$,则称 R 在 A 上是反对称的.

例 4.16　设集合 $A=\{a,b,c,d\}$,R_1,R_2,R_3,R_4 都是 A 上的二元关系,其中
$$R_1=\{\langle a,a \rangle, \langle b,b \rangle, \langle c,c \rangle\}, \quad R_2=\{\langle a,a \rangle, \langle a,b \rangle, \langle b,a \rangle, \langle c,c \rangle\},$$

$$R_3 = \{\langle a,b \rangle, \langle b,c \rangle, \langle c,d \rangle\}, \quad R_4 = \{\langle a,b \rangle, \langle b,a \rangle, \langle a,c \rangle, \langle c,c \rangle\},$$

指出 R_1, R_2, R_3, R_4 是否为 A 上对称或反对称的二元关系.

解　由定义 4.11 易知，R_1 既是对称的，也是反对称的；R_2 是对称的，但不是反对称的；R_3 是反对称的，但不是对称的；R_4 既不是对称的，也不是反对称的.

> **注意**　二元关系的自反性与反自反性、对称性与反对称性并非是对立的.
>
> **定义 4.12**　设 R 为集合 A 上的二元关系. 若
> $$\forall x \forall y \forall z (x,y,z \in A \wedge \langle x,y \rangle \in R \wedge \langle y,z \rangle \in R \rightarrow \langle x,z \rangle \in R),$$
> 则称 R 在 A 上是**传递**的.

例 4.17　设集合 $A = \{a,b,c\}$，A 上的二元关系 $R_1 = \{\langle a,b \rangle, \langle b,c \rangle, \langle a,c \rangle, \langle c,c \rangle\}$，$R_2$ 为 $\mathrm{P}(A)$ 上的包含关系，则 R_1 在 A 上是传递的，R_2 在 $\mathrm{P}(A)$ 上也是传递的.

例 4.18　设集合 $A = \{1,2,3,4\}$，R 为 A 上的模 2 同余关系，则 R 在 A 上是自反、对称和传递的.

例 4.19　设 R 为集合 A 上的二元关系，证明：

(a) R 在 A 上是自反的当且仅当 $I_A \subseteq R$；

(b) R 在 A 上是传递的当且仅当 $R \circ R \subseteq R$.

证明　(a) **充分性**　任取 $x \in A$，有
$$x \in A \Rightarrow \langle x,x \rangle \in I_A \Rightarrow \langle x,x \rangle \in R,$$
因此 R 在 A 上是自反的.

必要性　任取 $\langle x,y \rangle \in I_A$. 由于 R 在 A 上是自反的，必有
$$x,y \in A \wedge x=y \Rightarrow \langle x,y \rangle \in R,$$
因此
$$I_A \subseteq R.$$

(b) **充分性**　任取 $\langle x,y \rangle \in R$，$\langle y,z \rangle \in R$. 因为
$$\langle x,y \rangle \in R \wedge \langle y,z \rangle \in R \Rightarrow \langle x,z \rangle \in R \circ R \Rightarrow \langle x,z \rangle \in R,$$
所以 R 在 A 上是传递的.

必要性　任取 $\langle x,y \rangle \in R \circ R$. 因为
$$\langle x,y \rangle \in R \circ R \Rightarrow \exists z (\langle x,z \rangle \in R \wedge \langle z,y \rangle \in R) \Rightarrow \langle x,y \rangle \in R,$$
所以
$$R \circ R \subseteq R.$$

　　二元关系的性质不仅反映在它的集合表达式上,也可以在关系矩阵及关系图上明显地体现出来.事实上,自反性体现在关系矩阵上为"主对角线上元素全是 1",体现在关系图上为"每个结点处都有圈";反自反性体现在关系矩阵上为"主对角线上元素全是 0",体现在关系图上为"每个结点处都没有圈";对称性体现在关系矩阵上为"关系矩阵是对称矩阵",体现在关系图上为"任意两个结点之间若有有向弧,必是双向的";反对称性体现在关系矩阵上为"关于主对角线对称的元素不能同时是 1",体现在关系图上为"任意两个结点之间若有有向弧,必是单向的";传递性体现在关系矩阵上为"对于关系矩阵的平方矩阵中 1 所在的位置,原关系矩阵中相应的位置都是 1",体现在关系图上为"如果从结点 x_i 到结点 x_j 有有向弧,从结点 x_j 到结点 x_k 有有向弧,则从结点 x_i 到结点 x_k 也有有向弧".

 习题 4.4

　　1. 设集合 $A=\{1,2,\cdots,8\}$,定义 A 上的二元关系
$$R=\{\langle x,y\rangle\,|\,x,y\in A\wedge x+y=8\},$$
指出 R 具有哪些性质,并说明理由.

　　2. 设集合 $A=\{a,b,c\}$,R_1,R_2,R_3 均为 A 上的二元关系,它们的关系矩阵分别为

$$\boldsymbol{M}_{R_1}=\begin{bmatrix}1&1&0\\1&1&1\\1&0&1\end{bmatrix},\quad \boldsymbol{M}_{R_2}=\begin{bmatrix}1&1&1\\1&1&1\\1&1&1\end{bmatrix},\quad \boldsymbol{M}_{R_3}=\begin{bmatrix}1&1&1\\1&0&0\\1&0&0\end{bmatrix}.$$

对每种二元关系画出相应的关系图,并说明它所具有的性质.

　　3. 证明:若集合 A 上的二元关系 R 具有传递性和反自反性,则 R 具有反对称性.

　　4. 证明:若集合 A 上的二元关系 R 具有对称性,则二元关系 R^2 也具有对称性.

　　5. 设 R_1 和 R_2 均是集合 A 上的对称关系,则 $R_1\cap R_2$,$R_1\cup R_2$ 也为 A 上的对称关系.
问:$R_1\circ R_2$ 是否也是 A 上的对称关系? 若不是,请举反例.

§4.5　二元关系的闭包运算

　　在 §4.3 中,我们利用二元关系的复合及逆运算构造了新的二元关系.在本节中,我们将基于给定的二元关系,通过扩充序偶的办法得到具有某些特性的新二元关系.这就是二元关系的闭包运算,包括自反闭

包、对称闭包和传递闭包.

定义 4.13 设 R 是非空集合 A 上的二元关系, R 的自反闭包(或对称闭包、传递闭包)定义为 A 上的二元关系 R',它满足以下条件:

(a) R' 是自反(或对称、传递)的;

(b) $R \subseteq R'$;

(c) 对于 A 上任何包含 R 的自反关系(或对称关系、传递关系)R'',有 $R' \subseteq R''$.

一般将 R 的自反闭包记作 $r(R)$,对称闭包记作 $s(R)$,传递闭包记作 $t(R)$.

注意 非空集合 A 上二元关系 R 的上述三种闭包,就是包含 R 的分别具有相应性质的最小二元关系.

可以按如下方式构造自反闭包、对称闭包和传递闭包:设 R 为非空集合 A 上的二元关系,则

(a) $r(R) = R \cup I_A$;

(b) $s(R) = R \cup R^{-1}$;

(c) $t(R) = \bigcup_{i=1}^{\infty} R^i = R \cup R^2 \cup R^3 \cup \cdots$.

证明 只证(c),其余的证明留作练习.

先证 $\bigcup_{i=1}^{\infty} R^i \subseteq t(R)$.用数学归纳法.

由 $t(R)$ 的定义知 $R \subseteq t(R)$,即 $n = 1$ 时结论成立.

假设结论对于 n 成立,即 $R^n \subseteq t(R)$ 成立,那么对于任意 $\langle x, y \rangle \in R^{n+1}$,有

$$\langle x, y \rangle \in R^n \circ R \Leftrightarrow \exists z (\langle x, z \rangle \in R^n \wedge \langle z, y \rangle \in R)$$
$$\Rightarrow \exists z (\langle x, z \rangle \in t(R) \wedge \langle z, y \rangle \in t(R))$$
$$\Rightarrow \langle x, y \rangle \in t(R),$$

从而 $R^{n+1} \subseteq t(R)$,即结论对于 $n+1$ 成立.

所以,由数学归纳法知结论成立.

再证 $t(R) \subseteq \bigcup_{i=1}^{\infty} R^i$.任取 $\langle x, y \rangle, \langle y, z \rangle \in \bigcup_{i=1}^{\infty} R^i$,则

$$\langle x, y \rangle \in R \cup R^2 \cup \cdots \wedge \langle y, z \rangle \in R \cup R^2 \cup \cdots$$
$$\Rightarrow \exists s (\langle x, y \rangle \in R^s) \wedge \exists t (\langle y, z \rangle \in R^t)$$
$$\Rightarrow \exists s \exists t (\langle x, z \rangle \in R^s \circ R^t)$$
$$\Rightarrow \exists s \exists t (\langle x, z \rangle \in R^{s+t})$$
$$\Rightarrow \langle x, z \rangle \in R \cup R^2 \cup R^3 \cup \cdots,$$

从而 $\bigcup\limits_{i=1}^{\infty}R^i$ 具有传递性且包含 R. 由 $t(R)$ 的定义知 $t(R)\subseteq\bigcup\limits_{i=1}^{\infty}R^i$.

综上所述,有

$$t(R)=\bigcup_{i=1}^{\infty}R^i=R\cup R^2\cup R^3\cup\cdots.$$

例 4.20　设集合 $A=\{a,b,c\}$, A 上的二元关系

$$R=\{\langle a,a\rangle,\langle a,b\rangle,\langle b,c\rangle\},$$

则

$$r(R)=\{\langle a,a\rangle,\langle b,b\rangle,\langle c,c\rangle,\langle a,b\rangle,\langle b,c\rangle\},$$
$$s(R)=\{\langle a,a\rangle,\langle a,b\rangle,\langle b,a\rangle,\langle b,c\rangle,\langle c,b\rangle\},$$
$$t(R)=\{\langle a,a\rangle,\langle a,b\rangle,\langle b,c\rangle,\langle a,c\rangle\}.$$

可以证明,对于非空有限集 A 上的二元关系 R,存在一个正整数 k,使得

$$t(R)=R\cup R^2\cup\cdots\cup R^k.$$

闭包运算还具有以下性质:

设 R 是非空集合 A 上的二元关系,则

(a) $r(R)=R$ 当且仅当 R 是自反的;

(b) $s(R)=R$ 当且仅当 R 是对称的;

(c) $t(R)=R$ 当且仅当 R 是传递的.

证明　只证(b),其余的证明留作练习.

只要证明充分性即可. 设 R 是对称的. 因 $R\subseteq R$,且对于任何具有对称性的二元关系 R'',若 $R\subseteq R''$,则 $R\subseteq R''$,即 R 满足对称闭包的定义,故

$$s(R)=R.$$

二元关系的性质与闭包运算之间的联系可以表现在以下几个方面:

(a) 设 R_1,R_2 均是非空集合 A 上的二元关系,且 $R_1\subseteq R_2$,则

ⓐ $r(R_1)\subseteq r(R_2)$;

ⓑ $s(R_1)\subseteq s(R_2)$;

ⓒ $t(R_1)\subseteq t(R_2)$.

(b) 设 R 是非空集合 A 上的关系,则

ⓐ 如果 R 是自反的,那么 $s(R)$ 与 $t(R)$ 也是自反的;

ⓑ 如果 R 是对称的,那么 $r(R)$ 与 $t(R)$ 也是对称的;

ⓒ 如果 R 是传递的,那么 $r(R)$ 也是传递的.

注意　对于传递关系,其对称闭包可能失去传递性.

(c) 设 R 是非空集合 A 上的二元关系,则

ⓐ $rs(R)=sr(R)$①;

ⓑ $rt(R)=tr(R)$;

ⓒ $st(R)\subseteq ts(R)$.

证明　只证(a),(b),(c)中的ⓐ,其余的证明留作练习.

$r(R_1)=R_1\bigcup I_A\subseteq R_2\bigcup I_A=r(R_2)$,即(a)中的ⓐ成立.

由于 R 是 A 上的自反关系,所以 $r(R)=R$,且 $I_A\subseteq R$. 但是 $R\subseteq s(R)$,$R\subseteq t(R)$,从而 $s(R)$ 与 $t(R)$ 皆包含 I_A,故 $s(R)$ 与 $t(R)$ 也是 A 上的自反关系,即(b)中的ⓐ成立.

下面证明(c)中的ⓐ成立:

$$sr(R)=s(r(R))=s(I_A\bigcup R)=(I_A\bigcup R)\bigcup(I_A\bigcup R)^{-1}$$
$$=(I_A\bigcup R)\bigcup(I_A^{-1}\bigcup R^{-1})=I_A\bigcup R\bigcup R^{-1}$$
$$=I_A\bigcup s(R)=r(s(R))=rs(R).$$

通常用 R^+ 表示 R 的传递闭包 $t(R)$,读作"R 正";用 R^* 表示 R 的自反闭包的传递闭包(简称自反传递闭包)$tr(R)$,读作"R 星". 在研究形式语言和计算机模型时经常使用 R^+ 和 R^*.

 习题 4.5

1. 根据图 4-3 中的有向图,写出相应的关系矩阵和二元关系 R,并求出二元关系 R 的自反闭包、对称闭包和传递闭包.

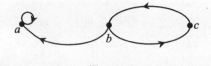

图　4-3

2. 设 R_1,R_2 均是集合 A 上的二元关系,证明:

(a) $r(R_1\bigcup R_2)=r(R_1)\bigcup r(R_2)$;

(b) $s(R_1\bigcup R_2)=s(R_1)\bigcup s(R_2)$;

---

① 这里 $rs(R)=r(s(R))$,$sr(R)=s(r(R))$. 对于其他类似的形式,可作类似理解.

(c) $t(R_1) \bigcup t(R_2) \subseteq t(R_1 \bigcup R_2)$.

3. 设 R 是集合 A 上的二元关系, $R^* = tr(R)$, 证明下列各式:

(a) $(R^+)^+ = R^+$;

(b) $R \circ R^* = R^+ = R^* \circ R$;

(c) $(R^*)^* = R^*$.

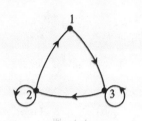

图 4-4

4. 试举例说明 $st(R) \neq ts(R)$.

5. 设二元关系 R 的关系图如图 4-4 所示, 试给出 $r(R)$, $s(R)$ 和 $t(R)$ 的关系图.

§4.6 等价关系与划分

等价关系是一类重要的二元关系.

定义 4.14   设 R 为非空集合 A 上的二元关系. 如果 R 是自反、对称和传递的, 则称 R 为 A 上的等价关系. 设 R 是 A 上的等价关系. 若 $\langle x,y \rangle \in R$, 则称 x 与 y 等价, 记作 $x \sim y$.

例 4.21   设集合 $A = \{a,b,c,d,e,f\}$, 则 A 上的二元关系
$$R = \{\langle a,a \rangle, \langle a,b \rangle, \langle b,a \rangle, \langle b,b \rangle, \langle c,c \rangle, \langle d,d \rangle, \langle d,e \rangle, \langle d,f \rangle,$$
$$\langle e,e \rangle, \langle e,d \rangle, \langle e,f \rangle, \langle f,d \rangle, \langle f,e \rangle, \langle f,f \rangle\}$$

为等价关系, 其关系图如图 4-5 所示.

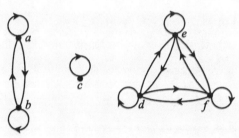

图 4-5

注意   图 4-5 给出的关系图被分为三个互不连通的部分, 每部分中的元素两两都有关系, 不同部分中的元素则没有关系.

例 4.22   易知命题演算中的逻辑等价关系是等价关系.

例 4.23 设 k 为一个正整数,证明:整数集 $\mathbb{Z}$ 上的模 k 同余关系是等价关系(称这个等价关系为模 k 等价关系).

证明 对于任意 $x,y,z \in \mathbb{Z}$,易知

(a) $x \equiv x \pmod{k}$;

(b) 若 $x \equiv y \pmod{k}$,则 $y \equiv x \pmod{k}$;

(c) 若 $x \equiv y \pmod{k}$,$y \equiv z \pmod{k}$,则 $x \equiv z \pmod{k}$.

所以,由定义 4.14 可知结论成立.

定义 4.15 设 R 为非空集合 A 上的等价关系. 对于任意 $x \in A$,令

$$[x]_R = \{y \mid y \in A \wedge xRy\}.$$

称 $[x]_R$ 为 x 关于 R 的等价类,简称 x 的等价类,简记为 $[x]$ 或 $\bar{x}$.

由自反性可知 xRx,即 $x \in [x]$. 称 x 为等价类 $[x]$ 的一个代表元素.

如果集合 A 中元素关于二元关系 R 的等价类个数有限,则称不同等价类的个数为 R 的秩.

在例 4.23 中,关于模 k 等价关系的所有不同等价类分别为

$$[i] = \{kz + i \mid z \in \mathbb{Z}\}, \quad i = 0,1,\cdots,k-1.$$

等价类具有以下性质:

设 R 为非空集合 A 上的等价关系,则

(a) 对于任意 $x \in A$,有 $[x] \neq \varnothing$;

(b) 对于任意 $x,y \in A$,如果 xRy,那么 $[x] = [y]$;

(c) 对于任意 $x,y \in A$,如果 $x\not{R}y$,那么 $[x] \cap [y] = \varnothing$;

(d) $\bigcup\limits_{x \in A} [x] = A$.

证明 (a) 因为 $x \in [x]$,所以 $[x] \neq \varnothing$.

(b) 由于

$$\forall z \in [x] \Rightarrow xRz \Rightarrow zRx \Rightarrow zRx \wedge xRy \Rightarrow zRy \Rightarrow yRz \Rightarrow z \in [y],$$

因此 $[x] \subseteq [y]$.

同理可证 $[y] \subseteq [x]$,从而 $[x] = [y]$.

(c) 假设 $[x] \cap [y] \neq \varnothing$,则

$$\exists z \in [x] \cap [y] \Rightarrow z \in [x] \wedge z \in [y] \Rightarrow xRz \wedge yRz \Rightarrow xRz \wedge zRy \Rightarrow xRy.$$

这与 $x\not{R}y$ 矛盾. 所以,假设不成立,原命题成立.

(d) 一方面,对于任意 $y \in A$,有

$$y \in [y] \wedge y \in A \Rightarrow y \in \bigcup_{x \in A} [x],$$

从而
$$A \subseteq \bigcup_{x \in A} [x].$$

另一方面,有

$$\forall y \in \bigcup_{x \in A} [x] \Rightarrow \exists x (x \in A \wedge y \in [x]) \Rightarrow y \in A,$$

从而
$$\bigcup_{x \in A} [x] \subseteq A.$$

综上所述,得

$$\bigcup_{x \in A} [x] = A.$$

由非空集合 A 和 A 上的等价关系 R 可以构造一个新集合——商集.

定义 4.16　设 R 为非空集合 A 上的等价关系,称以关于 R 的所有等价类作为元素的集合为 A 关于 R 的 商集,简称 A 的商集,记作 A/R,即

$$A/R = \{[x] \mid x \in A\}.$$

例如,整数集 $\mathbb{Z}$ 关于模 k 等价关系的商集是

$$\{[i] \mid i = 0, 1, \cdots, k-1\}$$

与等价关系及商集有密切联系的概念为集合的划分.

定义 4.17　设 A 为非空集合.若 A 的子集族 $\pi(\pi \subseteq P(A))$ 满足下面的条件:

(a) $\varnothing \notin \pi$;

(b) $\forall x \forall y (x, y \in \pi \wedge x \neq y \rightarrow x \cap y = \varnothing)$;

(c) $\bigcup_{A_i \in \pi} A_i = A$,

则称 π 为 A 的一个 划分,并称 π 中的元素为 A 的划分块.

例 4.24　设集合 $A = \{a, b, c\}$,则 $\pi_1 = \{\{a\}, \{b\}, \{c\}\}$,$\pi_2 = \{\{a\}, \{b, c\}\}$ 皆为 A 的划分,而 $\pi_3 = \{\{a\}, \{b\}, \{b, c\}\}$ 不是 A 的划分.

一个集合的划分并不唯一,利用已知的划分可以构造新划分.

例 4.25　设 $\{\pi_1, \pi_2, \cdots, \pi_s\}$ 与 $\{\varphi_1, \varphi_2, \cdots, \varphi_t\}$ 是同一集合 A 的两个划分,证明:由所有 $\pi_i \cap \varphi_j \neq \varnothing (i = 1, 2, \cdots, s; j = 1, 2, \cdots, t)$ 组成的集合亦是 A 的一个划分.称这个划分为 A 的 交叉划分.

证明　对于 $\{\pi_1 \bigcap \varphi_1, \pi_1 \bigcap \varphi_2, \cdots, \pi_1 \bigcap \varphi_t, \cdots, \pi_s \bigcap \varphi_1, \cdots, \pi_s \bigcap \varphi_t\}$，从中任取两个元素 $\pi_i \bigcap \varphi_k, \pi_j \bigcap \varphi_l$，有

$$(\pi_i \bigcap \varphi_k) \bigcap (\pi_j \bigcap \varphi_l) = \varnothing,$$

且

$$\bigcup_{1 \leqslant i \leqslant s, 1 \leqslant j \leqslant t} (\pi_i \bigcap \varphi_j) = A,$$

因此结论成立.

给定 A 的任意两个划分 $\{\pi_1, \pi_2, \cdots, \pi_s\}$ 和 $\{\varphi_1, \varphi_2, \cdots, \varphi_t\}$，若对于每个 π_j 均有某个 φ_k，使得 $\pi_j \subseteq \varphi_k$，则称 $\{\pi_1, \pi_2, \cdots, \pi_s\}$ 为 $\{\varphi_1, \varphi_2, \cdots, \varphi_t\}$ 的加细.

由例 4.25 知,任何两个划分的交叉划分都是原来两个划分的一个加细.

根据商集的定义可知,集合 A 的商集就是 A 的一个划分,并且不同的商集对应于不同的划分;反之,任给 A 的一个划分 π,定义 A 上的二元关系

$$R = \{\langle x, y \rangle \mid x, y \in A \wedge x \text{ 与 } y \text{ 在 } \pi \text{ 的同一划分块中}\},$$

则易知 R 为 A 上的等价关系,且该等价关系所确定的商集就是 π. 由此可见,A 上的等价关系与 A 的划分是一一对应的.

例 4.26　设 R 是非空集合 A 上的二元关系,$R' = tsr(R)$,证明:

(a) R' 为 A 上的等价关系(称 R' 为由 R 诱导的等价关系);

(b) 如果 R'' 为 A 上的等价关系,且 $R \subseteq R''$,则 $R' \subseteq R''$,即 R' 为包含 R 的最小等价关系.

证明　(a) 根据闭包运算的定义知,$r(R)$ 是自反的,$sr(R)$ 是对称的,$tsr(R)$ 是传递的,故 R' 是 A 上的等价关系.

(b) 设 R'' 是任意包含 R 的等价关系,则 R'' 是自反的和对称的,从而

$$R'' \supseteq R \cup R^{-1} \cup I_A = sr(R).$$

因为 R'' 是传递的且包含 $sr(R)$,所以 R'' 包含 $tsr(R)$,即 $R' \subseteq R''$.

习题 4.6

1. 设集合 $A = \{a, b, c\}$,A 上的二元关系 R 的关系矩阵为

$$\boldsymbol{M}_R = \begin{pmatrix} 1 & 0 & 0 \\ 0 & 1 & 1 \\ 0 & 1 & 1 \end{pmatrix},$$

问：R 是否为等价关系？

2. 设集合 $A=\{a,b,c,d,e,f\}$，A 上的二元关系 R 的关系图如图 4-6 所示，问：R 是否为等价关系？

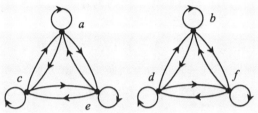

图 4-6

3. 设 R 是集合 A 上的自反关系，证明：

$$R \text{ 是等价关系} \Leftrightarrow \langle a,b\rangle \in R \wedge \langle a,c\rangle \in R \rightarrow \langle b,c\rangle \in R.$$

4. 设 R 是集合 A 上的自反、传递关系，如下定义 A 上的二元关系 T：

$$\langle x,y\rangle \in T \Leftrightarrow \langle x,y\rangle \in R \wedge \langle y,x\rangle \in R, \quad \forall x,y \in A.$$

证明：T 是 A 上的等价关系.

5. 设集合 $A=\{1,2,3,4\}$，S 是 A 上的笛卡儿积，即 $S=A \times A$. 定义 S 上的二元关系 R 为

$$\langle a,b\rangle R\langle c,d\rangle \Leftrightarrow ad=bc, \quad \forall \langle a,b\rangle, \langle c,d\rangle \in S.$$

(a) 证明：R 为 S 上的等价关系；

(b) 求出商集 S/R.

6. 设集合 $A=\{a,b,c,d\}$，A 上的等价关系

$$R=\{\langle a,b\rangle, \langle b,a\rangle, \langle c,d\rangle, \langle d,c\rangle\} \bigcup I_A,$$

画出 R 的关系图，并求出 A 中各元素的等价类.

§ 4.7　偏序关系

对于一个集合，我们常常要考虑其元素的次序关系，其中很重要的一类次序关系为偏序关系.

定义 4.18　设 R 为非空集合 A 上的二元关系. 如果 R 是自反、反对称和传递的，则称 R 为 A 上的偏序关系，记作 $\leqslant$. 如果 $\langle x,y\rangle \in \leqslant$，则记作 $x \leqslant y$，读作"x 小于或等于 y".

例 4.27　实数集 $\mathbb{R}$ 上的小于或等于关系 $\leqslant$ 是偏序关系.

例 4.28　整数集 $\mathbb{Z}$ 上的整除关系 $|$ 是偏序关系.

例 4.29　设集合 $A=\{a,b,c\}$，则 $P(A)$ 上的包含关系 $\subseteq$ 是偏序关系.

注意　偏序关系 $\leqslant$ 是指某种顺序性，$x\leqslant y$ 的含义是：依该顺序，x 排在 y 的前面.根据不同偏序关系的含义，对顺序有着不同的解释.

定义 4.19　设 $\leqslant$ 为非空集合 A 上的偏序关系，定义：

(a) $\forall x,y\in A,x<y\Leftrightarrow x\leqslant y\wedge x\neq y$，其中 $x<y$ 读作"x 小于 y"；

(b) $\forall x,y\in A,x$ 与 y 可比 $\Leftrightarrow x\leqslant y\vee y\leqslant x$.

对于在具有偏序关系 $\leqslant$ 的集合 A 中任取的两个元素 x 和 y，可能有下述几种情况：$x<y,y<x,x=y,x$ 与 y 不是可比的.

定义 4.20　设 R 为非空集合 A 上的偏序关系.如果对于任意 x，$y\in A,x$ 与 y 都是可比的，则称 R 为 A 上的全序关系或线序关系.

例 4.30　实数集 $\mathbb{R}$ 上的小于或等于关系 $\leqslant$ 是全序关系.

定义 4.21　设 $\leqslant$ 是集合 A 上的偏序关系，A 连同 $\leqslant$ 一起叫作偏序集，记作 $\langle A,\leqslant\rangle$.

例 4.31　整数集 $\mathbb{Z}$ 和它上的小于或等于关系 $\leqslant$ 构成偏序集 $\langle \mathbb{Z},\leqslant\rangle$.

为了更清楚地描述集合中元素的层次关系，下面介绍盖住的概念.

定义 4.22　设 $\langle A,\leqslant\rangle$ 为偏序集.对于任意 $x,y\in A$，如果 $x<y$，且不存在 $z\in A$，使得 $x<z<y$，则称 y 盖住 x.通常记
$$\mathrm{cov}A=\{\langle x,y\rangle|x,y\in A\wedge y\text{ 盖住 }x\}.$$

例 4.32　设 A 是由正整数 $m=18$ 的所有正因子构成的集合，并设 A 上的偏序关系为整除关系 $|$，求 $\mathrm{cov}A$.

解　由题设知 $A=\{1,2,3,6,9,18\}$，于是
$$\mathrm{cov}A=\{\langle 1,2\rangle,\langle 1,3\rangle,\langle 2,6\rangle,\langle 3,6\rangle,\langle 3,9\rangle,\langle 6,18\rangle,\langle 9,18\rangle\}.$$

对于给定的偏序集 $\langle A,\leqslant\rangle$，它的盖住关系是唯一的，故可以用盖住关系画出表示偏序集的图——哈斯图.哈斯图的具体作图规则如下：

(a) 用点代表集合 A 中的元素；

(b) 如果 $x \leqslant y$，且 $x \neq y$，则将代表 y 的点画在代表 x 的点之上；

(c) 如果 $\langle x, y \rangle \in \mathrm{cov}A$，则在 x 与 y 之间用直线连接．

也就是说，在偏序关系的关系图中，去掉有向圈及反映传递路径的有向边，用无向边表示元素的上下位置关系（盖住关系）就得到哈斯图．

例 4.33　（a）画出例 4.32 中偏序集 $\langle A, \leqslant \rangle$ 的哈斯图；

（b）画出例 4.29 中 $\mathrm{P}(A)$ 与包含关系 $\subseteq$ 构成的偏序集 $\langle \mathrm{P}(A), \subseteq \rangle$ 的哈斯图．

解　(a) $\langle A, \leqslant \rangle$ 的哈斯图如图 4-7(a) 所示．

　　(b) $\langle \mathrm{P}(A), \subseteq \rangle$ 的哈斯图如图 4-7(b) 所示．

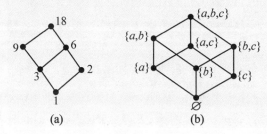

图　4-7

从哈斯图可以看到，偏序集中各元素处于不同层次的位置，从而看出偏序集中存在一些特殊元素．

定义 4.23　设 $\langle A, \leqslant \rangle$ 为偏序集，$B \subseteq A$，$y \in B$．

(a) 若 $\forall x(x \in B \rightarrow y \leqslant x)$ 成立，则称 y 为 B 的最小元；

(b) 若 $\forall x(x \in B \rightarrow x \leqslant y)$ 成立，则称 y 为 B 的最大元；

(c) 若 $\forall x(x \in B \wedge x \leqslant y \rightarrow x = y)$ 成立，则称 y 为 B 的极小元；

(d) 若 $\forall x(x \in B \wedge y \leqslant x \rightarrow x = y)$ 成立，则称 y 为 B 的极大元．

例 4.34　设集合 $A = \{2, 3, 5, 7, 14, 15, 21\}$ 上偏序关系 R 的哈斯图如图 4-8 所示，集合 $B = \{2, 3, 7, 14, 21\}$，求 B 的最小元、最大元、极小元和极大元．

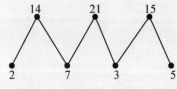

图　4-8

解　B 没有最小元与最大元．B 的极小元是 2,3,7；极大元是 14,21．

例 4.35   对于例 4.33(b)中的偏序集⟨P(A),⊆⟩,其哈斯图如图 4-7(b)所示.可见,对于任意 $B⊆P(A)$,∅为 B 的最小元,$\{a,b,c\}$为 B 的最大元.

极大元(或极小元)与最大元(或最小元)是有区别的.最大元(或最小元)与 B 中所有元素都可比;而极大元(或极小元)不一定与 B 中所有元素都可比,它的含义是只要 B 中没有其他元素比它大(或小)即可;B 的极大元(或极小元)可能有多个,而最大元(或最小元)可能不存在,但最大元(或最小元)一旦存在,则必唯一.也就是说,有下面的结论:

设⟨A,≼⟩为偏序集,且 B⊆A.若 B 中有最大元(或最小元),则其最大元(或最小元)必唯一.

事实上,设 a,b 皆为 B 的最大元,则
$$a≼b∧b≼a⇒a=b.$$
对于最小元的情形,类似可知结论成立.

定义 4.24   设⟨A,≼⟩为偏序集,B⊆A,y∈A.

(a) 若∀x(x∈B→x≼y)成立,则称 y 为 B 的上界;

(b) 若∀x(x∈B→y≼x)成立,则称 y 为 B 的下界;

(c) 令 C=\{y|y 为 B 的上界\},则称 C 的最小元为 B 的上确界,记为 lubB;

(d) 令 D=\{y|y 为 B 的下界\},则称 D 的最大元为 B 的下确界,记为 glbB.

例 4.36   设集合 $A=\{1,2,3,6,12,24,36\}$,A 上的偏序关系为整除关系|,其哈斯图如图 4-9 所示,分别求集合 $B=\{2,3,6\}$,$C=\{12,24,36\}$的上确界和下确界.

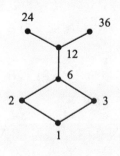

图 4-9

解   由题设及定义 4.24 知
$$lubB=6, \quad glbB=1, \quad glbC=12,$$
而 lubC 不存在.

在定义 4.24 中,B 的上界、下界、上确界和下确界都可能不存在.
如果存在,则上确界与下确界是唯一的.

对于偏序集 $\langle A,\leqslant\rangle$,若 A 的每个非空子集都存在最小元,则称这
种偏序集为良序集.

例 4.37　设 $\mathbb{N}=\{0,1,2,\cdots,\}$ 上的偏序关系为小于或等于关系 $\leqslant$,则 $\langle\mathbb{N},\leqslant\rangle$ 为良
序集.

 习题 4.7

1. 判断下列 $\mathbb{Z}$ 上的二元关系 R 是否为偏序关系:

(a) $aRb\Leftrightarrow b^2\mid a$;　　　　(b) $aRb\Leftrightarrow b=a^k,k\in\mathbb{Z}^+$.

2. 画出下列集合 A 与偏序关系 $\leqslant$ 构成的偏序集 $\langle A,\leqslant\rangle$ 的哈斯图:

(a) $A=\{1,2,3,4\}$,

$\leqslant=\{\langle1,1\rangle,\langle1,2\rangle,\langle2,2\rangle,\langle2,4\rangle,\langle1,3\rangle,\langle3,3\rangle,\langle3,4\rangle,\langle1,4\rangle,\langle4,4\rangle\}$;

(b) $A=\{1,2,3,4\}$,A 上的偏序关系 $\leqslant$ 的关系矩阵为

$$\boldsymbol{M}_{\leqslant}=\begin{pmatrix}1&1&1&1\\0&1&1&1\\0&0&1&1\\0&0&0&1\end{pmatrix}.$$

3. 画出下列偏序集 $\langle A,\leqslant\rangle$ 的哈斯图,并找出 A 的最小元、最大元、极小元和极大元:

(a) $A=\{1,2,3,4,5\}$,

$\leqslant=\{\langle1,2\rangle,\langle1,3\rangle,\langle1,4\rangle,\langle1,5\rangle,\langle2,5\rangle,\langle3,5\rangle,\langle4,5\rangle\}\bigcup I_A$;

(b) $A=\{a,b,c,d,e,f\}$,

$\leqslant=\{\langle a,c\rangle,\langle b,c\rangle,\langle c,d\rangle,\langle c,e\rangle,\langle d,f\rangle,\langle e,f\rangle\}\bigcup I_A$.

4. 设集合 $A=\{1,2,\cdots,20\}$,偏序关系为整除关系 $\mid$,$B=\{x\mid x\in A\wedge 2\leqslant x\leqslant5\}$,求 B 的上界、下界、上确界和下确界.

第 5 章

函　数

函数是一个基本的数学概念. 在通常的函数定义中, 函数 $y=f(x)$ 是在数集上讨论的. 在本章中, 我们将函数的概念予以推广, 把函数视为一种特殊的二元关系.

§5.1 函数的概念

定义 5.1　设 f 为从集合 A 到集合 B 的二元关系. 若对于任意 $x \in \mathrm{dom}f$, 都存在唯一的 $y \in \mathrm{ran}f$, 使得 xfy 成立, 则称 f 为函数或映射. 对于函数 f, 如果有 xfy, 则记作 $y = f(x)$, 并称 y 为 f 在 x 处的值. 这时也称 y 为 x 的像, 而称 x 为 y 的原像.

定义 5.1 中的函数 f 与一般二元关系的区别在于:

(a) 函数 f 的定义域为 A 本身, 而不能为 A 的某个真子集;

(b) 对于任意 $x \in A$, x 只能对应于唯一的 y.

例 5.1　设集合 $A = \{a, b, c\}$, $B = \{t_1, t_2, t_3, t_4\}$, 则二元关系
$$f_1 = \{\langle a, t_1 \rangle, \langle b, t_1 \rangle, \langle c, t_2 \rangle\}, \quad f_2 = \{\langle a, t_1 \rangle, \langle b, t_3 \rangle, \langle c, t_4 \rangle\}$$
均是函数, 而二元关系
$$g_1 = \{\langle a, t_1 \rangle, \langle b, t_2 \rangle\}, \quad g_2 = \{\langle a, t_1 \rangle, \langle b, t_2 \rangle, \langle a, t_3 \rangle\}$$
均不是函数.

由函数的定义可知, 函数仍是序偶的集合, 故两个函数相等可以用集合相等来刻画.

定义 5.2　设 f, g 均为函数, 则 f 与 g 相等记为 $f = g$, 定义如下:
$$f = g \Leftrightarrow f \subseteq g \wedge g \subseteq f.$$

由定义 5.2 易知, 如果两个函数 f 与 g 相等, 则

(a) $\mathrm{dom}f = \mathrm{dom}g$;

(b) 对于任意 $x \in \mathrm{dom}f = \mathrm{dom}g$, 有 $f(x) = g(x)$.

定义 5.3　设 A, B 为两个集合. 如果 f 为函数, 且 $\mathrm{dom}f = A$, $\mathrm{ran}f \subseteq B$, 则称 f 为从 A 到 B 的函数, 记作 $f: A \rightarrow B$.

例 5.2　$f: \mathbb{N} \rightarrow \mathbb{N}$, $f(x) = 2x + 1$ 是从 $\mathbb{N}$ 到 $\mathbb{N}$ 的函数, $g: \mathbb{N} \rightarrow \mathbb{N}$, $g(x) = 1$ 也是从 $\mathbb{N}$ 到 $\mathbb{N}$ 的函数.

由函数的定义可知, 函数 $f: A \rightarrow B$ 为 $A \times B$ 的子集. 但是, 由于函数的特殊性, $A \times B$ 的子集并不一定是从 A 到 B 的函数.

通常把由所有从 A 到 B 的函数构成的集合记作 B^A (读作 "B 上 A"), 即
$$B^A = \{f \mid f: A \rightarrow B\}.$$

例 5.3 设集合 $A=\{1,2,3\}, B=\{s,t\}$，则 $|B^A|=2^3$.

一般地，设 A 和 B 都为有限集，分别有 m 个和 n 个元素. 由于从 A 到 B 的任一函数的定义域为 A，因此这些函数中每个恰有 m 个序偶. 另外，对于任一元素 $x \in A$，可以选取 B 的 n 个元素中的任何一个作为它的像，故从 A 到 B 共有 n^m 个不同的函数.

定义 5.4 设函数 $f: A \to B, A_1 \subseteq A, B_1 \subseteq B$.

(a) 令 $f(A_1) = \{f(x) \mid x \in A_1\}$，称 $f(A_1)$ 为 A_1 在 f 下的像. 特别地，称 $f(A)$ 为 f 的像；

(b) 令 $f^{-1}(B_1) = \{x \mid x \in A \land f(x) \in B_1\}$，称 $f^{-1}(B_1)$ 为 B_1 在 f 下的完全原像.

定义 5.5 设函数 $f: A \to B$.

(a) 若 $\mathrm{ran} f = B$，则称 $f: A \to B$ 是满射；

(b) 若对于任意 $y \in \mathrm{ran} f$，存在唯一的 $x \in A$，使得 $f(x) = y$，则称 $f: A \to B$ 是单射；

(c) 若 $f: A \to B$ 既是满射，又是单射，则称 $f: A \to B$ 是双射.

图 5-1(a), (b), (c) 分别给出了满射、单射、双射的简单图示.

(a) 满射　　　　(b) 单射　　　　(c) 双射

图 5-1

函数的概念在日常生活中也有很多应用. 例如，设 A 为由一些人组成的集合，B 为由一些任务组成的集合，则函数 f 可以定义为所有这些人完成若干任务的二元关系. 当 f 为满射时，每项任务至少有一人完成；当 f 为单射时，没有两人完成同一项任务；当 f 为双射时，每项任务有人完成，且没有两人完成同一项任务.

例 5.4 对于下列给定的集合 A 和 B，构造双射 $f: A \to B$：

(a) $A = [0,1], B = \left[\dfrac{1}{4}, \dfrac{3}{2}\right]$；

(b) $A = \mathbb{Z}, B = \mathbb{N}$；

(c) $A = \mathbb{R}, B = \mathbb{R}^+$.

解 (a) 令 $f:[0,1]\to\left[\dfrac{1}{4},\dfrac{3}{4}\right]$, $f(x)=\dfrac{2x+1}{4}$, 则 f 为双射.

(b) 将 $\mathbb{Z}$ 中的元素依下列顺序排列, 并与 $\mathbb{N}$ 中的元素对应:

$$
\begin{array}{ccccccccc}
\mathbb{Z}: & 0 & -1 & 1 & -2 & 2 & -3 & 3 & \cdots \\
& \downarrow & \downarrow & \downarrow & \downarrow & \downarrow & \downarrow & \downarrow & \cdots \\
\mathbb{N}: & 0 & 1 & 2 & 3 & 4 & 5 & 6 & \cdots
\end{array}
$$

所以, 令 $f:\mathbb{Z}\to\mathbb{N}$, $f(x)=\begin{cases}2x, & x\geqslant 0, \\ -2x-1, & x<0,\end{cases}$ 则 f 为双射.

(c) 令 $f:\mathbb{R}\to\mathbb{R}^+$, $f(x)=2^x$, 则 f 为双射.

下面介绍一些常用函数.

令 $P:\mathbb{R}\to\mathbb{R}$, $P(x)=a_0+a_1x+a_2x^2+\cdots+a_nx^n(a_i\in\mathbb{R},i=1,2,\cdots,n)$, 则 P 为 $\mathbb{R}$ 上的函数, 称之为 n 次实多项式函数(简称多项式函数).

设 A 为非空集合, 令 $I_A:A\to A$, $I_A(x)=x$, 则 I_A 为 A 上的函数, 称之为恒等函数.

设集合 $A=\{a,b,\cdots,z\}$, $B=\{01,02,\cdots,26\}$, 令 $f:A\to B$, $f(a)=01$, $f(b)=02,\cdots,f(z)=26$, 则 f 为从 A 到 B 的函数, 称之为编码函数.

令 $f:\mathbb{N}\to\mathbb{N}$, $f(n)=n+1$, 则 f 为 $\mathbb{N}$ 上的函数, 称之为佩亚诺 (Peano) 后继函数.

令 $f_n:\mathbb{N}\to\mathbb{N}$, $f_n(x)=r(x=kn+r,0\leqslant r<n)$, 则 f_n 为 $\mathbb{N}$ 上的函数, 称之为模函数.

设 A 为非空集合, A 的特征函数 $\chi_A:A\to\{0,1\}$ 定义为

$$
\chi_A(x)=\begin{cases}1, & x\in A, \\ 0, & x\notin A.\end{cases}
$$

设 R 是集合 A 上的等价关系, 令 $g:A\to A/R$, $g(x)=[x]$, $\forall x\in A$, 称 g 是从 A 到商集 A/R 的自然映射.

设 $f:A\to B$ 是函数. 如果 f 的定义域 $\mathrm{dom}f\neq\varnothing$, 那么集合族 $\{f^{-1}(\{y\})\,|\,f^{-1}(\{y\})\neq\varnothing,y\in B\}$ 构成 A 的一个划分, 可以如下定义与此划分相对应的等价关系 R:

$$
x_1Rx_2\Leftrightarrow f(x_1)=f(x_2),\quad\forall x_1,x_2\in A.
$$

称 R 为 f 诱导的等价关系. 由此可以相应地得到自然映射.

集合 A 上的双射可以看作一个置换或排列. 若 $|A|=n$, 则称 A 上的置换为 n 次的. n 次置换 P 常常写成

$$
P=\begin{pmatrix} x_1 & x_2 & \cdots & x_n \\ P(x_1) & P(x_2) & \cdots & P(x_n) \end{pmatrix}
$$

的形式. A 上不同的 n 次置换的个数恰为 $n!$ 个.

例 5.5　设集合 $A=\{1,2,3\}$，函数 $f:A\rightarrow A$，且 $f(1)=3,f(2)=2,f(3)=1$，则 f 是双射，它可写成置换

$$\begin{bmatrix} 1 & 2 & 3 \\ 3 & 2 & 1 \end{bmatrix}.$$

 习题 5.1

1. 设集合 $A=\{1,2,3,4\}$，$B=\{a,b,c\}$，试确定下列从 A 到 B 的二元关系是否为函数：

(a) $R=\{\langle 1,a\rangle,\langle 2,b\rangle,\langle 3,c\rangle\}$；

(b) $S=\{\langle 1,a\rangle,\langle 1,b\rangle,\langle 2,b\rangle\}$；

(c) $T=\{\langle 1,a\rangle,\langle 2,a\rangle,\langle 3,b\rangle,\langle 4,c\rangle\}$.

2. 设集合 $A=\{a,b\}$，$B=\{1,2\}$，求 B^A.

3. 判断下列函数中哪些是满射、单射或双射：

(a) $f:\mathbb{N}\rightarrow\mathbb{N},f(x)=3x+1$；

(b) $f:\mathbb{N}\rightarrow\{0,1\},f(x)=\begin{cases} 1, & x\text{ 为奇数,} \\ 0, & x\text{ 为偶数；} \end{cases}$

(c) $f:\mathbb{R}\rightarrow\mathbb{R},f(x)=x^2+x-6$；

(d) $f:\mathbb{N}\rightarrow\mathbb{N},f(x)=x(\bmod 4)(x$ 除以 4 的余数$)$.

4. 设集合 $A=\{1,2,3,4,5\}$，$A_1=\{1,2,3\}$，$A_2=\{4,5\}$，求 A,A_1,A_2 的特征函数 χ_A，χ_{A_1}，χ_{A_2}.

5. 给定函数 f 和集合 A,B 如下：

(a) $f:\mathbb{N}\rightarrow\mathbb{N},f(x)=3x+1,A=\{2,3\},B=\{1,3\}$；

(b) $f:\mathbb{N}\rightarrow\mathbb{N}\times\mathbb{N},f(x)=\langle x,x+1\rangle,A=\{5\},B=\{2,3\}$.

求 A 在 f 下的像 $f(A)$ 和 B 在 f 下的完全原像 $f^{-1}(B)$.

§5.2　函数的复合与反函数

函数是一种特殊的二元关系，函数的复合就是二元关系的右复合.

定理 5.1　设 f,g 都是函数，则 $f\circ g$ 也是函数，且满足：

(a) $\operatorname{dom}(f\circ g)=\{x\mid x\in\operatorname{dom}f\wedge f(x)\in\operatorname{dom}g\}$;

(b) 对于任意 $x\in\operatorname{dom}(f\circ g)$, 有 $f\circ g(x)=g(f(x))$.

证明　只证(b),(a)的证明留作练习.

因为

$$\forall x\in\operatorname{dom}(f\circ g)$$
$$\Rightarrow\exists y\exists z(y=f(x)\wedge z=g(y))$$
$$\Rightarrow\exists y(x\in\operatorname{dom}f\wedge y=f(x)\wedge y\in\operatorname{dom}g)$$
$$\Rightarrow x\in\{x\mid x\in\operatorname{dom}f\wedge f(x)\in\operatorname{dom}g\},$$
$$\forall x\in\operatorname{dom}f\wedge f(x)\in\operatorname{dom}g$$
$$\Rightarrow xf(f(x))\wedge f(x)g(g(f(x)))$$
$$\Rightarrow xf\circ g(g(f(x)))$$
$$\Rightarrow x\in\operatorname{dom}(f\circ g)\wedge f\circ g(x)=g(f(x)),$$

所以(b)得证.

推论 1　设 f,g,h 都是函数,则 $(f\circ g)\circ h, f\circ(g\circ h)$ 也都是函数,且
$$(f\circ g)\circ h=f\circ(g\circ h).$$

推论 2　设函数 $f: A\rightarrow B, g: B\rightarrow C$,则 $f\circ g: A\rightarrow C$,且对于任意 $x\in A$,有
$$f\circ g(x)=g(f(x)).$$

定理 5.2　设函数 $f: B\rightarrow C, g: B\rightarrow C$.

(a) 如果 $f: A\rightarrow B, g: B\rightarrow C$ 都是满射,则 $f\circ g: A\rightarrow C$ 也是满射;

(b) 如果 $f: A\rightarrow B, g: B\rightarrow C$ 都是单射,则 $f\circ g: A\rightarrow C$ 也是单射;

(c) 如果 $f: A\rightarrow B, g: B\rightarrow C$ 都是双射,则 $f\circ g: A\rightarrow C$ 也是双射.

证明　只证(c),其余的证明留作练习.

设 $f: A\rightarrow B, g: B\rightarrow C$ 都是双射,则它们也都是满射和单射,从而
$$\forall z\in C\Rightarrow\exists y(y\in B\wedge z=g(y))\Rightarrow\exists x(x\in A\wedge y=f(x)).$$

由定理 5.1 有
$$f\circ g(x)=g(f(x))=g(y)=z,$$

从而 $f\circ g: A\rightarrow C$ 是满射.

设存在 $x_1, x_2\in A$,使得
$$f\circ g(x_1)=f\circ g(x_2).$$

由定理 5.1 有
$$g(f(x_1))=g(f(x_2)).$$

因 $g: B\rightarrow C$ 是单射,故 $f(x_1)=f(x_2)$. 又由于 $f: A\rightarrow B$ 也是单射,所以
$$x_1=x_2,$$

从而证明了 $f \circ g: A \to C$ 是单射.

综上所述, $f \circ g$ 是双射.

注意　该定理的逆命题不真.

定理 5.3　设函数 $f: A \to B$, 则
$$f = f \circ I_B = I_A \circ f.$$

特别地, 对于 $f \in A^A$, 有
$$f \circ I_A = I_A \circ f = f.$$

在二元关系中, 若 R 为从集合 A 到集合 B 的二元关系, 则存在 R 的逆关系 R^{-1}, 即
$$\langle y, x \rangle \in R^{-1} \Leftrightarrow \langle x, y \rangle \in R.$$

对于函数, 是否也有类似的结论? 也就是说, 若 $f: A \to B$ 为函数, f^{-1} 是否也为从 B 到 A 的函数? 回答是否定的. 这是因为 f^{-1} 为函数时, 必有
$$\mathrm{dom} f^{-1} = B \Leftrightarrow \mathrm{ran} f = B,$$

但一般有 $\mathrm{ran} f \subseteq B$.

定理 5.4　设 $f: A \to B$ 是双射, 则 $f^{-1}: B \to A$ 也是双射, 且
$$(f^{-1})^{-1} = f.$$

对于双射 $f: A \to B$, 称 $f^{-1}: B \to A$ 是它的反函数.

定理 5.5　设 $f: A \to B$ 是双射, 则
$$f^{-1} \circ f = I_B, \quad f \circ f^{-1} = I_A.$$

特别地, 对于双射 $f: A \to A$, 有
$$f^{-1} \circ f = f \circ f^{-1} = I_A.$$

定理 5.6　设 $f: A \to B, g: B \to A$ 均为双射, 则
$$(f \circ g)^{-1} = g^{-1} \circ f^{-1}.$$

例 5.6　设集合 $A = \{1, 2, 3\}$, 则 A 上的所有置换为
$$P_0 = \begin{pmatrix} 1 & 2 & 3 \\ 1 & 2 & 3 \end{pmatrix}, \quad P_1 = \begin{pmatrix} 1 & 2 & 3 \\ 1 & 3 & 2 \end{pmatrix}, \quad P_2 = \begin{pmatrix} 1 & 2 & 3 \\ 2 & 1 & 3 \end{pmatrix},$$
$$P_3 = \begin{pmatrix} 1 & 2 & 3 \\ 3 & 2 & 1 \end{pmatrix}, \quad P_4 = \begin{pmatrix} 1 & 2 & 3 \\ 2 & 3 & 1 \end{pmatrix}, \quad P_5 = \begin{pmatrix} 1 & 2 & 3 \\ 3 & 1 & 2 \end{pmatrix}.$$

分别计算 $P_2^{-1}, P_3 \circ P_4^{-1}$.

解 $P_2^{-1} = \begin{pmatrix} 1 & 2 & 3 \\ 2 & 1 & 3 \end{pmatrix}$,

$$P_3 \circ P_4^{-1} = \begin{pmatrix} 1 & 2 & 3 \\ 3 & 2 & 1 \end{pmatrix} \circ \begin{pmatrix} 1 & 2 & 3 \\ 3 & 1 & 2 \end{pmatrix} = \begin{pmatrix} 1 & 2 & 3 \\ 2 & 1 & 3 \end{pmatrix}.$$

注意 由于置换是双射,而双射的复合是双射,所以置换的复合是置换.

设 $b_1, b_2, \cdots, b_r$ 为集合 $A = \{a_1, a_2, \cdots, a_n\}$ 中 $r(2 \leqslant r \leqslant n)$ 个不同的元素,称置换 $P: A \to A, P(b_i) = b_{i+1}(i = 1, 2, \cdots, r-1), P(b_r) = P(b_1)$, $P(x) = x(x \in A - \{b_1, b_2, \cdots, b_r\})$ 是长度为 r 的循环置换(简称循环置换),记为 $(b_1 b_2 \cdots b_r)$.

例 5.7 设集合 $A = \{1, 2, 3, 4, 5\}$,循环置换 (125) 可写成

$$\begin{pmatrix} 1 & 2 & 3 & 4 & 5 \\ 2 & 5 & 3 & 4 & 1 \end{pmatrix}.$$

 习题 5.2

1. 设 R 是集合 A 上的等价关系,问:在什么条件下,自然映射 $g: A \to A/R$ 是双射?

2. 设函数 $f: A \to B$,定义集合 A 上的二元关系 R 为
$$x_1 R x_2 \Leftrightarrow f(x_1) = f(x_2), \quad \forall x_1, x_2 \in A,$$
证明:R 是等价关系.

3. 设集合 $A = \{1, 2, 3, 4\}$,置换 $P = \begin{pmatrix} 1 & 2 & 3 & 4 \\ 2 & 3 & 4 & 1 \end{pmatrix}$,求最小正整数 k,使

$$P^k = \begin{pmatrix} 1 & 2 & 3 & 4 \\ 1 & 2 & 3 & 4 \end{pmatrix}.$$

4. 设集合 $A = \{1, 2, 3, 4, 5, 6\}$,置换

$$P_1 = \begin{pmatrix} 1 & 2 & 3 & 4 & 5 & 6 \\ 3 & 4 & 1 & 2 & 5 & 6 \end{pmatrix}, \quad P_2 = \begin{pmatrix} 1 & 2 & 3 & 4 & 5 & 6 \\ 2 & 3 & 1 & 5 & 4 & 6 \end{pmatrix},$$

求解方程 $P_1 \circ x = P_2$.

5. 设函数 $f: \mathbb{Z} \to \mathbb{Z}, f(x) = x(\mathrm{mod}\ n)$.在 $\mathbb{Z}$ 上定义等价关系 R:
$$x R y \Leftrightarrow f(x) = f(y), \quad \forall x, y \in \mathbb{Z}.$$

（a）计算 $f(\mathbb{Z})$；　　　　　　　（b）确定商集 $\mathbb{Z}/R$.

6. 设函数 f：$\mathbb{N}\times\mathbb{N}\rightarrow\mathbb{N}\times\mathbb{N}$，$f(\langle x,y\rangle)=\left\langle\dfrac{x+y}{2},\dfrac{x-y}{2}\right\rangle$，证明：$f$ 是双射.

7. 对于下列集合 A 和 B，构造从 A 到 B 的双射 f：$A\rightarrow B$：

（a）$A=\{a,b,c\}$，$B=\{1,2,3\}$；　　（b）$A=\{0,1\}$，$B=\{0,2\}$.

8. 设函数 f：$A\rightarrow B$，g：$B\rightarrow C$，且 $f\circ g$：$A\rightarrow C$ 是双射，证明：

（a）f：$A\rightarrow B$ 是单射；　　　　（b）g：$B\rightarrow C$ 是满射.

第 6 章

代 数 结 构

人们研究和观察现实世界中的各种现象时,往往要借助某些数学工具.针对某个具体问题,需要选用适宜的数学结构进行较确切地描述,这个数学结构就是所谓的数学模型.在本章中,我们要研究的是一类特殊的数学结构——由集合上定义若干运算而组成的代数系统.

§6.1 二元运算及其性质

定义 6.1   设 A 为非空集合,称函数 $f: A \times A \to A$ 为 A 上的二元运算.

定义 6.1 说明,集合 A 上的二元运算在 A 上满足封闭性. 相应于二元运算,也将函数 $f: A \to A$ 称为 A 上的一元运算.

例 6.1   (a) 自然数集 $\mathbb{N}$ 上的加法和乘法都是 $\mathbb{N}$ 上的二元运算,但减法和除法都不是;

(b) 非零实数集 $\mathbb{R}^*$ 上的乘法和除法都是 $\mathbb{R}^*$ 上的二元运算,而加法和减法都不是;

(c) 设集合 $F = \{f \mid f: S \to S\}$,则 F 上函数的复合运算。为 F 上的二元运算;

(d) 设 $M_n(\mathbb{R})$ 表示所有 $n(n \geqslant 2)$ 阶实矩阵构成的集合,则矩阵的加法和乘法都是 $M_n(\mathbb{R})$ 上的二元运算.

通常用 $\circ$,$*$,$\triangle$ 等符号表示二元运算,称这些符号为算符.

对于抽象的二元运算,可以列表给出. 这样的表称为运算表.

设 $A = \{a_1, a_2, \cdots, a_n\}$ 为有限集,在 A 上定义二元运算 $*$. 表 6-1 为该二元运算的运算表的一般形式.

表　6-1

$*$	a_1	a_2	$\cdots$	a_n
a_1	$a_1 * a_1$	$a_1 * a_2$	$\cdots$	$a_1 * a_n$
a_2	$a_2 * a_1$	$a_2 * a_2$	$\cdots$	$a_2 * a_n$
$\vdots$	$\vdots$	$\vdots$		$\vdots$
a_n	$a_n * a_1$	$a_n * a_2$	$\cdots$	$a_n * a_n$

例 6.2   设集合 $A = \{a, b\}$,在 A 上定义二元运算 $*$,其对应的运算表中每行、每列都可以有 a 或 b,故有 2^4 种不同的运算表,即共有 16 种不同的二元运算.

例 6.3   设定义实数集 $\mathbb{R}$ 上的二元运算 $*$ 为
$$x * y = x, \quad \forall x, y \in \mathbb{R},$$
则
$$3 * 4 = 3, \quad 2 * 0 = 2, \quad (-1) * (-2) = -1.$$

例 6.4 设集合 $A=\{1,2,3,4\}$，定义 A 上的二元运算。为

$$x \circ y = xy \pmod 5, \quad \forall x,y \in A,$$

则二元运算。的运算表如表 6-2 所示.

表 6-2

∘	1	2	3	4
1	1	2	3	4
2	2	4	1	3
3	3	1	4	2
4	4	3	2	1

对于二元运算，有几个关于运算律的重要概念.

定义 6.2 设。为 A 上的二元运算. 如果对于任意 $x,y \in A$，有

$$x \circ y = y \circ x,$$

则称二元运算。在 A 上是可交换的，或者称二元运算。在 A 上满足交换律.

例 6.5 实数集 $\mathbb{R}$ 上的加法和乘法是可交换的，但减法不是可交换的；集合 $M_n(\mathbb{R})$ 上的矩阵加法是可交换的，但矩阵乘法不是可交换的；记集合 A 上所有二元关系构成的集合为 B，则 B 上二元关系的复合运算不是可交换的.

例 6.6 在实数集 $\mathbb{R}$ 上定义二元运算 $*$ 为

$$x * y = x+y+xy, \quad \forall x,y \in \mathbb{R},$$

则二元运算 $*$ 是可交换的.

定义 6.3 设。为集合 A 上的二元运算. 如果对于任意 $x,y,z \in A$，有

$$(x \circ y) \circ z = x \circ (y \circ z),$$

则称二元运算。在 A 上是可结合的，或者称二元运算。在 A 上满足结合律.

例 6.7 例 6.6 中的二元运算 $*$ 是可结合的. 在实数集 $\mathbb{R}$ 上定义另一个二元运算。为

$$a \circ b = \min\{a,b\}, \quad \forall a,b \in \mathbb{R},$$

则二元运算。也是可结合的.

定义 6.4　设 ∘ 为 A 上的二元运算. 如果对于任意 $x \in A$, 有

$$x \circ x = x,$$

则称二元运算 ∘ 满足幂等律.

对于集合 A 上的二元运算 ∘, 如果 A 中的元素 x 满足 $x \circ x = x$, 则称 x 为二元运算 ∘ 的幂等元.

例 6.8　在自然数集 $\mathbb{N}$ 上定义二元运算 $*$ 为

$$a * b = \max\{a, b\}, \quad \forall a, b \in \mathbb{N},$$

则对于任意 $a \in \mathbb{N}$, 有

$$a * a = a,$$

即二元运算 $*$ 满足幂等律.

若在集合 A 上同时出现两个不同的二元运算, 还可以研究分配律和吸收律.

定义 6.5　设 ∘ 和 $*$ 是集合 A 上的两个二元运算. 如果对于任意 $x, y, z \in A$, 有

$$x * (y \circ z) = (x * y) \circ (x * z) \quad （左分配律），$$
$$(y \circ z) * x = (y * x) \circ (z * x) \quad （右分配律），$$

则称二元运算 $*$ 对二元运算 ∘ 是可分配的, 也称二元运算 $*$ 对二元运算 ∘ 满足分配律.

例如, 实数集 $\mathbb{R}$ 上的乘法对加法是可分配的, 幂集 $P(A)$ 上的二元运算 $\cup$ 和 $\cap$ 是相互可分配的.

注意　讲分配律时应指明哪个二元运算对哪个二元运算可分配.

定义 6.6　设 ∘ 和 $*$ 都是集合 A 上可交换的二元运算. 如果对于任意 $x, y \in A$, 有

$$x * (x \circ y) = x, \quad x \circ (x * y) = x,$$

则二元运算称 ∘ 和 $*$ 满足吸收律.

例 6.9　幂集 $P(A)$ 上的二元运算 $\cup$ 和 $\cap$ 满足吸收律, 命题演算中的二元运算 $\wedge$ 和 $\vee$ 满足吸收律, 自然数集 $\mathbb{N}$ 上的二元运算 $\min$(取两个数中的较小者)和 $\max$(取两个数中的较大者)也满足吸收律.

下面讨论有关二元运算的一些特殊元素.

定义 6.7　设 ∘ 为集合 A 上的二元运算. 如果存在 e_l(或 e_r)$\in A$, 使得对于任意 $x \in A$, 有

$$e_1 \circ x = x \quad (\text{或} \ x \circ e_r = x),$$

则称 e_1(或 e_r)是二元运算 $\circ$ 的一个**左单位元**(或**右单位元**). 若 e 关于二元运算 $\circ$ 既是左单位元,又是右单位元,则称 e 为二元运算 $\circ$ 的**单位元**.

例 6.10　在整数集 $\mathbb{Z}$ 中,0 是加法的单位元,1 是乘法的单位元;在 A^A 中,恒等函数 I_A 是函数复合运算的单位元.

例 6.11　考虑非零实数集 $\mathbb{R}^*$. 定义二元运算 $\circ$ 如下:

$$a \circ b = a + b + 2, \quad \forall a, b \in \mathbb{R}^*,$$

则 -2 为 $\mathbb{R}^*$ 上二元运算 $\circ$ 的单位元.

若在 $\mathbb{R}^*$ 上另定义二元运算 $*$ 如下:

$$a * b = a, \quad \forall a, b \in \mathbb{R}^*,$$

则不存在 $e \in \mathbb{R}^*$,使得对于任意 $b \in \mathbb{R}^*$,有 $e * b = b$. 所以,$\mathbb{R}^*$ 上二元运算 $*$ 没有左单位元. 而 $\mathbb{R}^*$ 中的每个元素 a 显然都是二元运算 $*$ 的右单位元.

定理 6.1　设 $\circ$ 为集合 A 上的二元运算,e_1, e_r 分别为二元运算 $\circ$ 的左单位元和右单位元,则

$$e_1 = e_r \stackrel{\triangle}{=} e,$$

且 e 为二元运算 $\circ$ 的唯一单位元.

　　证明　$e_1 = e_1 \circ e_r = e_r \stackrel{\triangle}{=} e$,即 e 是二元运算 $\circ$ 的单位元.

　　若 e' 是二元运算 $\circ$ 的另一个单位元,则

$$e' = e \circ e' = e.$$

所以,e 是二元运算 $\circ$ 的唯一单位元.

定义 6.8　设 $\circ$ 为集合 A 上的二元运算. 若存在元素 θ_1(或 θ_r) $\in A$,使得对于任意 $x \in A$,有

$$\theta_1 \circ x = \theta_1 \quad (\text{或} \ x \circ \theta_r = \theta_r),$$

则称 θ_1(或 θ_r)是二元运算 $\circ$ 的**左零元**(或**右零元**). 若 θ 关于二元运算 $\circ$ 既是左零元,又是右零元,则称 θ 为二元运算 $\circ$ 的**零元**.

例 6.12　在实数集 $\mathbb{R}$ 中,0 是乘法的零元,而加法没有零元;在幂集 $P(A)$ 中,二元运算 $\cup$ 的零元是 A,二元运算 $\cap$ 的零元是 $\varnothing$;若在非零实数集 $\mathbb{R}^*$ 上定义二元运算 $\circ$,使得对于任意 $a, b \in \mathbb{R}^*$,有

$$a \circ b = b,$$

则 $\mathbb{R}^*$ 中任何元素都是二元运算 $\circ$ 的右零元,但没有左零元,从而没有零元.

与定理 6.1 类似，可以证明下面的定理.

定理 6.2　设 $\circ$ 为集合 A 上的二元运算，θ_l 和 θ_r 分别为二元运算 $\circ$ 的左零元和右零元，则

$$\theta_l = \theta_r \overset{\triangle}{=} \theta,$$

且 θ 是二元运算 $\circ$ 的唯一零元.

定理 6.3　设 $\circ$ 为集合 A 上的二元运算，e 和 θ 分别为二元运算 $\circ$ 的单位元和零元. 如果 A 中至少有两个元素，则 $e \neq \theta$.

证明　用反证法. 假设 $e = \theta$，则对于任意 $x \in A$，有

$$x = x \circ e = x \circ \theta = \theta,$$

与 A 中至少有两个元素矛盾. 故 $e \neq \theta$.

定义 6.9　设 $\circ$ 为集合 A 上的二元运算，e 为二元运算 $\circ$ 的单位元. 对于给定的 $x \in A$，如果存在 y_l（或 y_r）$\in A$，使得

$$y_l \circ x = e \quad (\text{或 } x \circ y_r = e),$$

则称 y_l（或 y_r）是 x 的左逆元（或右逆元）. 若 y 既是 x 的左逆元，又是 x 的右逆元，则称 y 是 x 的逆元. 如果 x 的逆元存在，则称 x 是可逆的.

例 6.13　对于自然数集 $\mathbb{N}$ 上的加法，只有 0 有逆元，就是 0 自己；在集合 $M_n(\mathbb{R})$ 中，n 阶零矩阵是矩阵加法的单位元，n 阶矩阵 $\boldsymbol{M}$ 关于矩阵加法的逆元是 $-\boldsymbol{M}$，而 n 阶单位矩阵是矩阵乘法的单位元，只有 n 阶实可逆矩阵 $\boldsymbol{M}$ 有关于矩阵乘法的逆元 $\boldsymbol{M}^{-1}$.

对于给定的集合和二元运算来说，如果单位元或零元存在，一定是唯一的. 而逆元是否存在，还与元素有关. 有的元素有逆元，有的元素没有逆元，不同的元素对应着不同的逆元. 如果二元运算是可结合的，那么对于集合中可逆的元素，逆元是唯一的.

定理 6.4　设 $\circ$ 为集合 A 上可结合的二元运算，e 为二元运算 $\circ$ 的单位元. 对于任意 $x \in A$，如果存在左逆元 y_l 和右逆元 y_r，则

$$y_l = y_r \overset{\triangle}{=} y,$$

且 y 是 x 的唯一逆元.

证明　由 $y_l \circ x = e$ 和 $x \circ y_r = e$ 得

$$y_l = y_l \circ e = y_l \circ (x \circ y_r) = (y_l \circ x) \circ y_r = e \circ y_r = y_r.$$

令 $y_l = y_r = y$，则 y 是 x 的逆元. 假设 y' 也是 x 的逆元，则

$$y' = y' \circ e = y' \circ (x \circ y) = (y' \circ x) \circ y = e \circ y = y.$$

所以，y 是 x 的唯一逆元.

由定理 6.4 知,可逆的元素 x 只有唯一的逆元.通常把 x 的逆元记作 x^{-1}.

定义 6.10 设。为集合 A 上的二元运算.如果对于任意 $x,y,z\in A$,有以下条件成立:

(a) 若 $x\circ y=x\circ z$,且 $x\neq\theta$,则 $y=z$;

(b) 若 $y\circ x=z\circ x$,且 $x\neq\theta$,则 $y=z$,

那么称二元运算。满足消去律,其中(a)称作左消去律,(b)称作右消去律.

例 6.14 整数集 $\mathbb{Z}$ 上的加法和乘法都满足消去律;幂集 $P(A)$ 上的二元运算 $\cup$ 和 $\cap$ 一般不满足消去律.

定理 6.5 设。为集合 A 上的二元运算,且是可结合的.若 $a\in A$ 是可逆的,则二元运算。对 a 满足消去律.

证明 任取 $x,y\in A$,设 $a\circ x=a\circ y$.因 a 可逆,故 a^{-1} 存在,从而
$$a^{-1}\circ(a\circ x)=a^{-1}\circ(a\circ y),$$
即
$$(a^{-1}\circ a)\circ x=(a^{-1}\circ a)\circ y.$$
所以 $x=y$,即二元运算。对 a 满足左消去律.

类似地,可证二元运算。对 a 满足右消去律.

所以,定理成立.

例 6.15 对于下面给定的有理数集 $\mathbb{Q}$ 上的二元运算。,指出它满足的运算律,并求出它的单位元、零元和所有可逆元素的逆元:
$$x\circ y=x+y+xy,\quad\forall x,y\in\mathbb{Q}.$$
解 易知二元运算。满足交换律、结合律和消去律.但是,它不满足幂等律,因为 $2\in\mathbb{Q}$,但
$$2\circ 2=2+2+2\times 2=8\neq 2.$$
因为对于任意 $x\in\mathbb{Q}$,有
$$x\circ 0=0\circ x=x,$$
所以 0 是二元运算。的单位元.

因为对于任意 $x\in\mathbb{Q}$,有
$$x\circ(-1)=(-1)\circ x=-1,$$
所以 -1 是二元运算。的零元.

任取 $x \in \mathbb{Q}$,欲使 $x \circ y = 0$ 和 $y \circ x = 0$ 成立,只需

$$x + y + xy = 0$$

即可.由此解得

$$y = -\frac{x}{x+1} \quad (x \neq -1).$$

所以,若 x 为可逆元素,则其逆元为

$$x^{-1} = -\frac{x}{x+1} \quad (x \neq -1).$$

和二元运算一样,也可以采用算符来表示一元运算.若 $f: A \to A$ 为集合 A 上的一元运算,则 $f(x) = y$ 可以用算符 $\circ$ 记为

$$\circ(x) = y \quad \text{或} \quad \circ x = y,$$

其中 x 是参加运算的元素,y 为运算的结果.

§6.2 代数系统

定义 6.11　　设 A 是非空集合,$f_1, f_2, \cdots, f_k$ 是定义在 A 上的 k 个一元运算或二元运算,将 A 连同其上定义的这些一元运算或二元运算一起称为代数系统,简称代数,记作 $\langle A, f_1, f_2, \cdots, f_k \rangle$.这时称代数系统中二元运算的单位元和零元为代数常元.

例 6.16　$\langle \mathbb{N}, + \rangle, \langle \mathbb{Z}, +, \times \rangle, \langle \mathbb{Q}, +, \times \rangle$ 都是代数系统,其中 $+$ 和 $\times$ 分别表示普通的加法和乘法;$\langle \widetilde{\mathbb{Z}}_n, +_n, \times_n \rangle$ 是代数系统,其中

$$\widetilde{\mathbb{Z}}_n = \{0, 1, \cdots, n-1\}, \quad n \geq 1,$$

$+_n$ 和 $\times_n$ 分别表示模 n 的加法和乘法,即对于任意 $x, y \in \widetilde{\mathbb{Z}}_n$,有

$$x +_n y = x + y \pmod{n}, \quad x \times_n y = xy \pmod{n};$$

$\langle P(A), \cup, \cap, ^- \rangle$ 是代数系统,它含有两个二元运算 $\cup, \cap$ 以及一个一元运算 $^-$(即对集合取补).

在某些代数系统中存在着一些特殊的元素,它们对代数系统的运算起着重要的作用.另外,研究代数系统并不只是单独研究某个代数系统,有些代数系统虽然具有不同的形式,但是它们具有相同的构成成分,且它们的运算有一些共同的运算律,故需要对它们进行统一研究.怎样的两个代数系统才是具有相同的构成成分呢?

定义 6.12 如果两个代数系统中一元运算和二元运算的个数分别相同，且代数常元的个数也相同，则称这两个代数系统具有相同的构成成分，也称它们是同类型的代数系统.

在规定了代数系统的构成成分，即集合、运算及代数常元后，如果再对其中的运算所遵从的运算律加上限制，那么满足这些条件的代数系统就具有完全相同的性质，从而构成一类特殊的代数系统.

定义 6.13 设 $V = \langle A, f_1, f_2, \cdots, f_k \rangle$ 是代数系统，集合 $B \subseteq A$. 如果 B 对 $f_1, f_2, \cdots, f_k$ 都是封闭的，且 B 和 A 含有相同的代数常元，则称 $\langle B, f_1, f_2, \cdots, f_k \rangle$ 是 V 的子代数系统，简称子代数，简记为 B.

例 6.17 设代数系统 $V = \langle \mathbb{Z}, +, \times \rangle$，令
$$n\mathbb{Z} = \{ nz \mid z \in \mathbb{Z} \},$$
其中 n 为自然数，证明：$n\mathbb{Z}$ 是 V 的子代数.

证明 任取 $n\mathbb{Z}$ 中的两个元素 $nz_1, nz_2 (z_1, z_2 \in \mathbb{Z})$，则
$$nz_1 + nz_2 = n(z_1 + z_2) \in n\mathbb{Z},$$
即 $n\mathbb{Z}$ 对加法 $+$ 是封闭的. 又
$$0 = n \times 0 \in n\mathbb{Z},$$
所以 $n\mathbb{Z}$ 是 V 的子代数.

 习题 6.2

1. 设集合 $A = \mathbb{R}$，A 上的二元运算分别是 $+, -, \max$，判断这些运算是否满足结合律和交换律，是否有单位元和零元.

2. 设 $*$ 为 $\mathbb{Z}^+$ 上的二元运算，定义如下：
$$x * y = \max(x, y), \quad \forall x, y \in \mathbb{Z}^+.$$
(a) 求 $3 * 5, 7 * 8$.

(b) $*$ 在 $\mathbb{Z}^+$ 上是否满足交换律、结合律和幂等律？

(c) 求二元运算 $*$ 的单位元、零元以及 $\mathbb{Z}^+$ 中所有可逆元素的逆元.

3. 设集合 $A = \{1, 2, \cdots, 10\}$，问：下面在 $\mathbb{Z}^+$ 上定义的二元运算 $*$ 能否与 A 构成代数系统 $\langle A, * \rangle$？如果能够构成代数系统，则说明二元运算 $*$ 是否满足交换律和结合律，并求二元运算 $*$ 的单位元和零元.

(a) $x * y = \gcd(x, y), \forall x, y \in \mathbb{Z}^+$，其中 $\gcd(x, y)$ 是 x 与 y 的最大公约数；

(b) $x * y = $ 质数 p 的个数，$\forall x, y \in \mathbb{Z}^+$，其中 $x \leqslant p \leqslant y$.

4. 下列集合都是 $\mathbb{N}$ 的子集,它们与加法 $+$ 能否构成代数系统 $V=\langle \mathbb{N},+\rangle$ 的子代数?

(a) $\{x \mid x \in \mathbb{N}, x$ 与 5 互质$\}$;　　(b) $\{x \mid x \in \mathbb{N}, x$ 是 20 的因子$\}$.

5. 设 $\langle A,*\rangle$ 是代数系统,二元运算 $*$ 是可结合的,且对于任意 $x,y\in A$,若 $x*y=y*x$,则 $x=y$. 证明:对于任意 $x\in A$,有 $x*x=x$.

6. 分别定义 $\mathbb{N}$ 上的两个二元运算 $*$,$\circ$ 如下:

$$a*b=a^b, \quad a\circ b=ab, \quad \forall a,b\in A.$$

证明:二元运算 $*$ 对二元运算 $\circ$ 是不可分配的.

§6.3　半群

半群是只含有一个二元运算的代数系统,虽然它是简单的代数系统,但是对它的研究已形成丰富的理论,且它在计算机科学的形式语言和自动理论中都有具体的应用.

定义 6.14　(a) 设 $V=\langle S,\circ\rangle$ 是代数系统,$\circ$ 为二元运算. 如果二元运算 $\circ$ 是可结合的,则称 V 为半群.

(b) 设 $V=\langle S,\circ\rangle$ 是半群. 若是二元运算 $\circ$ 存在单位元 $e\in S$,则称 V 是幺半群,也称 V 为独异点.

例 6.18　设集合 $S=\{a,b,c\}$,在 S 上定义二元运算 $\circ$,其运算表如表 6-3 所示,证明:$\langle S,\circ\rangle$ 是独异点.

证明　易验证二元运算 $\circ$ 是可结合的,又知 a 为二元运算 $\circ$ 的单位元,所以 $\langle S,\circ\rangle$ 是独异点.

表　6-3

$\circ$	a	b	c
a	a	b	c
b	b	a	c
c	c	b	a

例 6.19　(a) 设 n 是大于 1 的正整数,则 $\langle M_n(\mathbb{R}),+\rangle$ 和 $\langle M_n(\mathbb{R}),\cdot\rangle$ 都是半群,也都是独异点;

(b) $\langle A^A,\circ\rangle$ 为半群,也是独异点,其中 $\circ$ 为函数的复合运算.

例 6.20 设 $\mathbb{Z}_n$ 是由所有模 n 的同余类构成的集合,在 $\mathbb{Z}_n$ 上定义两个二元运算 $+_n$ 和 $\times_n$ 分别为

$$[i]+_n[j]=[(i+j)(\bmod n)],$$
$$[i]\times_n[j]=[(i\times j)(\bmod n)], \qquad \forall[i],[j]\in\mathbb{Z}_n,$$

则 $\langle\mathbb{Z}_n,+_n\rangle,\langle\mathbb{Z}_n,\times_n\rangle$ 皆为独异点.

如果给定 $n=4$,那么二元运算 $+_4$ 和 $\times_4$ 的运算表分别如表 6-4 和表 6-5 所示.

表 6-4

$+_4$	[0]	[1]	[2]	[3]
[0]	[0]	[1]	[2]	[3]
[1]	[1]	[2]	[3]	[0]
[2]	[2]	[3]	[0]	[1]
[3]	[3]	[0]	[1]	[2]

表 6-5

$\times_4$	[0]	[1]	[2]	[3]
[0]	[0]	[0]	[0]	[0]
[1]	[0]	[1]	[2]	[3]
[2]	[0]	[2]	[0]	[2]
[3]	[0]	[3]	[2]	[1]

半群的子代数叫作子半群,独异点的子代数叫作子独异点.若 $V=\langle S,*\rangle$ 是半群,集合 $H\subseteq S$,只要 H 对 V 中的二元运算 $*$ 封闭,则 $\langle H,*\rangle$ 就是 V 的子半群.而对于独异点 $V=\langle S,*,e\rangle$ 来说,不仅要求集合 $H\subseteq S$ 对 V 中的二元运算 $*$ 封闭,而且要求 $e\in H$,此时 $\langle H,*,e\rangle$ 才构成 V 的子独异点.

例 6.21 $\langle\mathbb{Q},\times\rangle$ 为 $\langle\mathbb{R},\times\rangle$ 的子半群,$\langle\mathbb{N},+\rangle$ 为 $\langle\mathbb{Z},+\rangle$ 的子独异点.

定义 6.15 设 $V_1=\langle S_1,*\rangle,V_2=\langle S_2,\circ\rangle$ 都是半群(或独异点),令 $S=S_1\times S_2$,并定义 S 上的二元运算 $\cdot$ 如下:

$$\langle a,b\rangle\cdot\langle c,d\rangle=\langle a*c,b\circ d\rangle,\quad\forall\langle a,b\rangle,\langle c,d\rangle\in S.$$

称 $\langle S,\cdot\rangle$ 为 V_1 和 V_2 的直积,记作 $V_1\times V_2$.

任取 $\langle a,b\rangle,\langle c,d\rangle,\langle s,t\rangle\in S$,有

$$
\begin{aligned}
(\langle a,b\rangle\cdot\langle c,d\rangle)\cdot\langle s,t\rangle &=\langle a*c,b\circ d\rangle\cdot\langle s,t\rangle\\
&=\langle(a*c)*s,(b\circ d)\circ t\rangle\\
&=\langle a*(c*s),b\circ(d\circ t)\rangle\\
&=\langle a,b\rangle\cdot(\langle c,d\rangle\cdot\langle s,t\rangle),
\end{aligned}
$$

所以 $V_1\times V_2$ 是半群.

若 V_1 和 V_2 均是独异点,相应二元运算的单位元分别为 e_1 和 e_2,不难证明 $\langle e_1,e_2\rangle$ 是二元运算 $\cdot$ 的单位元,故 $V_1\times V_2$ 也是独异点.

在半群(或独异点)中,若二元运算是可交换的,则称此半群(或独异点)为**交换半群**(或**交换独异点**).

定理 6.6　设 $V=\langle S,*\rangle$ 为独异点,则二元运算 $*$ 的运算表中任何两行(或列)都是不相同的.

证明　设二元运算 $*$ 的单位元是 e.因为对于任意 $a,b\in S,a\neq b$,有

$$e*a=a\neq b=e*b,\quad a*e=a\neq b=b*e,$$

所以在二元运算 $*$ 的运算表中不可能有两行(或列)是相同的.

 习题 6.3

1. 设集合 $A=\{0,1\}$,试给出半群 $\langle A^A,\circ\rangle$ 上二元运算 $\circ$ 的运算表,其中 $\circ$ 为函数的复合运算.

2. 设集合 $A=\mathbb{Z}^+$,在 A 上定义二元运算 $*$ 如下:

$$a*b=\gcd(a,b),\quad \forall a,b\in A.$$

证明:$\langle A,*\rangle$ 为独异点.

3. 设集合 $S=\{a,b\}$,构造半群 $\langle P(S),\bigcap\rangle$ 的运算表.

4. 设 $\langle A,*\rangle$ 为半群,且对于任意 $x,y\in A$,若 $x*y=y*x$,则 $x=y$.证明:对于任意 $x,y\in A$,有

$$x*y*x=x.$$

5. 设 $\langle S,*\rangle$ 为半群,$a\in S$.在 S 上定义二元运算 $\circ$,使得对于任意 $x,y\in S$,有

$$x\circ y=x*a*y.$$

证明:二元运算 $\circ$ 是可结合的.

 §6.4　群

群是特殊的半群和独异点.

定义 6.16　设 $\langle G,*\rangle$ 是代数系统,$*$ 为二元运算.如果二元运算 $*$ 是可结合的,存在单位元 $e\in G$,并且对于 G 中的任意元素 x,有逆元 $x^{-1}\in G$,则称 $\langle G,*\rangle$ 为**群**,或称 G 关于二元运算 $*$ 构成群.

在不强调二元运算 $*$ 时,也将群 $\langle G,*\rangle$ 记为 G,并将 $a*b$ 记为 ab.

例 6.22 证明：$\langle \mathbb{Z}_n, +_n \rangle$ 是群.

证明 由二元运算 $+_n$ 的定义知，二元运算 $+_n$ 是封闭的，满足结合律，有单位元 $[0]$. 对于任意 $[x] \in \mathbb{Z}_n, [x] \neq [0]$，有 $[x]^{-1} = [n-x] \in \mathbb{Z}_n$；而对于 $[0]$，有 $[0]^{-1} = [0]$. 所以，$\langle \mathbb{Z}_n, +_n \rangle$ 是群.

例 6.23 $\langle \mathbb{Z}, + \rangle$ 和 $\langle \mathbb{Q}, + \rangle$ 都是群，分别称它们为 整数加群 和 有理数加群；$\langle M_n(\mathbb{R}), \times \rangle$ 和 $\langle \mathbb{Z}_n, \times_n \rangle$ 都不是群.

定义 6.17 （a）若群 G 是有限集，则称 G 是 有限群；否则，称 G 为 无限群. 称有限群 G 中的元素个数为 G 的 阶，记作 $|G|$.

（b）称只含有单位元的群为 平凡群.

（c）若群 G 中的二元运算是可交换的，则称 G 为 交换群 或 阿贝尔 (Abel) 群.

例 6.24 $\langle \mathbb{Z}, + \rangle, \langle \mathbb{R}, + \rangle$ 都是无限阿贝尔群，$\langle \mathbb{Z}_n, +_n \rangle$ 为 n 阶交换群；所有 $n(n \geq 2)$ 阶实可逆矩阵组成的集合与矩阵乘法也构成群，但它不是交换群.

定义 6.18 设 G 是群，$a \in G, n \in \mathbb{Z}$，定义 a 的 n 次幂为

$$a^n = \begin{cases} e, & n = 0, \\ a^{n-1}a, & n > 0, \\ (a^{-1})^m, & n = -m. \end{cases}$$

定义 6.19 设 G 是群，$a \in G$，称使等式

$$a^k = e$$

成立的最小正整数 k 为 a 的 阶 或 周期，记作 $|a| = k$. 这时也称 a 为 k 阶元. 若不存在这样的正整数 k，则称 a 为 无限阶元.

例 6.25 在 $\langle \mathbb{Z}_8, +_8 \rangle$ 中，$[4]$ 是 2 阶元，$[5]$ 是 8 阶元；在 $\langle \mathbb{Z}, + \rangle$ 中，0 是 1 阶元，其他的整数都是无限阶元.

下面介绍群的若干性质.

定理 6.7 设 G 为群，则 G 中的幂运算满足：

(a) 对于任意 $a \in G$,有 $(a^{-1})^{-1} = a$;

(b) 对于任意 $a, b \in G$,有 $(ab)^{-1} = b^{-1}a^{-1}$;

(c) 对于任意 $a \in G$,有 $a^m a^n = a^{m+n}(m, n \in \mathbb{Z})$;

(d) 对于任意 $a \in G$,有 $(a^n)^m = a^{nm}(n, m \in \mathbb{Z})$.

定理 6.8　群中不可能有零元.

证明　设 $\langle G, * \rangle$ 为任一群. 若 $|G| = 1$,则 G 的唯一元素为单位元. 若 $|G| > 1$,且 G 中有零元 θ,则对于任意 $x \in G$,有 $x * \theta = \theta * x = \theta$,故零元 θ 无逆元,矛盾. 所以,G 中不可能有零元.

定理 6.9　设 G 为群,则对于任意 $a, b \in G$,方程 $ax = b$ 和 $ya = b$ 在 G 中有唯一解.

证明　设 a 的逆元为 a^{-1}. 由 $ax = b$ 有

$$a^{-1}(ax) = a^{-1}b, \quad (a^{-1}a)x = a^{-1}b,$$

从而 $x = a^{-1}b$ 为方程 $ax = b$ 的解.

假设 c 是方程 $ax = b$ 的解,则 $ac = b$,从而

$$c = ec = (a^{-1}a)c = a^{-1}(ac) = a^{-1}b,$$

即 $a^{-1}b$ 是方程 $ax = b$ 的唯一解.

同理可证,ba^{-1} 是方程 $ya = b$ 的唯一解.

定理 6.10　设 G 为群,则 G 上的二元运算满足消去律,即对于任意 $a, b, c \in G$,有

(a) 如果 $ab = ac$,那么 $b = c$;

(b) 如果 $ba = ca$,那么 $b = c$.

定理 6.10 的证明留作练习.

由定理 6.10 可知,群上二元运算的运算表中没有两行(或列)是相同的.

定理 6.11　群 G 上二元运算的运算表中每一行(或列)都是 G 中元素的一个置换.

证明　记 G 上的二元运算为 $*$. 由定理 6.10 给出的消去律知,二元运算 $*$ 的运算表中任一行(或列)出现 G 的一个元素不可能多于一次. 任取 $a \in G$. 对于任意 $b \in G, b \neq a$,有 $b = a(a^{-1}b)$,故 G 中任何异于 a 的元素皆出现在 a 所在的行(或列). 而二元运算 $*$ 的运算表中没有两行(或列)相同,故二元运算 $*$ 的运算表中每一行(或列)都是 G 中元素的一个置换,且每一行(或列)都是不相同的.

例 6.26 设 G 为群，$a,b \in G$，且 $(ab)^2 = a^2 b^2$，证明：$ab = ba$.

证明 由 $(ab)^2 = a^2 b^2$ 得

$$abab = aabb.$$

根据定理 6.10，得 $ba = ab$，即 $ab = ba$.

定理 6.12 设 G 为群，n 是整数，$a \in G$，且 $|a| = k$，则

(a) $a^n = e$ 当且仅当 $k \mid n$；

(b) $|a| = |a^{-1}|$.

证明 (a) **充分性** 由于 $k \mid n$，因此必存在整数 m，使得 $n = mk$. 所以

$$a^n = a^{mk} = (a^k)^m = e^m = e.$$

必要性 存在整数 q 和 r，使得

$$n = qk + r, \quad 0 \leq r \leq k - 1,$$

从而

$$e = a^n = a^{qk+r} = (a^k)^q a^r = e a^r = a^r.$$

因为 $|a| = k$，所以必有 $r = 0$. 故 $k \mid n$.

(b) 由 $(a^{-1})^k = (a^k)^{-1} = e^{-1} = e$ 知 a^{-1} 的阶存在. 令 $|a^{-1}| = t$. 由 (a) 的证明可知 $t \mid k$. 而 a 又是 a^{-1} 的逆元，所以 $k \mid t$，从而 $k = t$，即 $|a| = |a^{-1}|$.

例 6.27 设 G 为有限群，证明：G 中阶大于 2 的元素有偶数个.

证明 对于任意 $a \in G$，有

$$a^2 = e \Leftrightarrow |a| = 1 \text{ 或 } |a| = 2,$$
$$a^2 = e \Leftrightarrow a = a^{-1},$$

从而对于 G 中阶大于 2 的元素 a，必有 $a \neq a^{-1}$. 所以，G 中阶大于 2 的元素一定成对出现. 若 G 中含有阶大于 2 的元素，则一定有偶数个；若 G 中不含有阶大于 2 的元素，则 G 中阶大于 2 的元素个数是 0，而 0 也是偶数.

例 6.28 设 G 为群，证明：单位元 e 是 G 中唯一的幂等元.

证明 $e^2 = e$.

假设 $a \neq e$，且 $a^2 = a$，则

$$a = ea = (a^{-1}a)a = a^{-1}a^2 = a^{-1}a = e,$$

矛盾.

综上所述，单位元 e 是 G 中唯一的幂等元.

习题 6.4

1. 设集合 $G=\{e,a,b\}$，且 $\langle G,*\rangle$ 为群，试构造二元运算 $*$ 的运算表.

2. 设 $*$ 为 $\mathbb{R}$ 上的二元运算，$a,b\in\mathbb{R}$，$a*b=a+b+2$，问：$\langle\mathbb{R},*\rangle$ 是否为群？

3. 设集合 $G=M_n(\mathbb{R})$，$*$ 为矩阵的加法，问：$\langle G,*\rangle$ 是否为群？

4. 设 G 为群. 若对于任意 $x\in G$，有 $x^2=e$，证明：G 为交换群.

5. 证明：偶数阶群必含有 2 阶元.

6. 设 G 是群，$a,b,c\in G$，证明：方程

$$xaxba=xbc$$

在 G 中有且仅有一个解.

7. 设 G 是群，$x,y\in G$，$k\in\mathbb{Z}^+$，证明：

$$(x^{-1}yx)^k=x^{-1}yx\Leftrightarrow y^k=y.$$

8. 设 G 是群，$u\in G$，在 G 上定义二元运算 $\circ$ 如下：

$$a\circ b=au^{-1}b,\quad\forall a,b\in G.$$

证明：$\langle G,\circ\rangle$ 是群.

§6.5 子群

定义 6.20　设 G 是群，H 是 G 的非空子集. 如果 H 关于 G 中的二元运算构成群，则称 H 是 G 的**子群**，记作 $H\leqslant G$. 若 H 是 G 的子群，且 $H\subset G$，则称 H 是 G 的**真子群**，记作 $H<G$.

例 6.29　$n\mathbb{Z}$ 是整数加群 $\langle\mathbb{Z},+\rangle$ 的子群. 当 $n\neq 1$ 时，$n\mathbb{Z}$ 是 $\mathbb{Z}$ 的真子群.

例 6.30　$\mathbb{Z}_6=\{[0],[1],\cdots,[5]\}$，$\langle\mathbb{Z}_6,+_6\rangle$ 是 6 阶群. 令 $H=\{[0],[2],[4]\}$，则 H 是 $\mathbb{Z}_6$ 的子群，且是真子群.

下面给出子群的若干判定定理.

定理 6.13　设 G 为群，H 是 G 的非空子集，则 $H\leqslant G$ 当且仅当下面的条件成立：

（a）对于任意 $a,b\in H$，有 $ab\in H$；

（b）对于任意 $a \in H$，有 $a^{-1} \in H$.

证明　必要性显然成立. 下证充分性.

因 H 非空，故必存在 $a \in H$，从而存在 $a^{-1} \in H$. 于是 $aa^{-1} \in H$，即 $e \in H$. 再结合条件（a）,（b），得 $H \leqslant G$.

定理 6.14　设 G 为群，H 是 G 的非空子集，则 $H \leqslant G$ 当且仅当对于任意 $a, b \in H$，有 $ab^{-1} \in H$.

证明　**必要性**　对于任意 $a, b \in H$，因 $H \leqslant G$，故必存在 $b^{-1} \in H$，从而 $ab^{-1} \in H$.

充分性　已知对于任意 $a, b \in H$，有 $ab^{-1} \in H$.

因 H 非空，故必存在 $a \in H$. 由已知条件得 $e = aa^{-1} \in H$.

对于任意 $a \in H$，有 $a^{-1} = ea^{-1} \in H$.

对于任意 $a, b \in H$，有 $b^{-1} \in H$，从而 $ab = a(b^{-1})^{-1} \in H$.

综上所述，有 $H \leqslant G$.

定理 6.15　设 G 为群，H 是 G 的非空子集. 如果 H 是有限集，则 $H \leqslant G$ 当且仅当对于任意 $a, b \in H$，有 $ab \in H$.

证明　必要性显然成立. 下证充分性.

对于任意 $a \in H$，若 $a = e$，则 $a^{-1} \in H$. 若 $a \neq e$，令

$$S = \{a, a^2, \cdots\},$$

则 $S \subseteq H$. 由于 H 是有限集，必有 $a^i = a^j (i < j)$. 由 G 上二元运算满足的消去律得

$$a^{j-i} = e.$$

由 $a \neq e$ 可知 $j - i > 1$. 由此得

$$a^{j-i-1} a = e, \quad aa^{j-i-1} = e,$$

从而 $a^{-1} = a^{j-i-1} \in H$. 又有 $e = aa^{-1} \in H$. 故 $H \leqslant G$.

例 6.31　设 G 为群，$a \in G$，令

$$H = \{a^k \mid k \in \mathbb{Z}\},$$

证明：H 是 G 的子群. 称这个子群为**由 a 生成的子群**，记作 (a)，其中 a 称为**生成元**.

证明　因为 $a \in H$，所以 H 非空. 对于任意 $a^m, a^n \in H$，有

$$a^m (a^n)^{-1} = a^m a^{-n} = a^{m-n} \in H,$$

故 H 是 G 的子群.

注意　通常称群 (a) 为**循环群**. 当 a 的阶有限时，称 (a) 为**有限循环群**；当 a 的阶无限时，称 (a) 为**无限循环群**.

例 6.32　证明：设 G 为群，H 和 K 皆为 G 的子群，则 $H \bigcap K$ 也为 G 的子群．

证明　由条件知 $H \bigcap K$ 非空．

对于任意 $a, b \in H \bigcap K$，有 $a \in H$ 且 $a \in K$，$b \in H$ 且 $b \in K$．因为 $H \leqslant G$，$K \leqslant G$，所以 $ab^{-1} \in H$ 且 $ab^{-1} \in K$，从而 $ab^{-1} \in H \bigcap K$．故 $H \bigcap K$ 为 G 的子群．

例 6.33　设 G 是由全体 n 阶实可逆矩阵组成的集合关于矩阵乘法构成的群，其中 $n \geqslant 2$．令

$$H = \{ \boldsymbol{X} \mid \det \boldsymbol{X} = 1, \boldsymbol{X} \in G \},$$

证明：$H \leqslant G$．

证明　设 $\boldsymbol{E}$ 为 n 阶单位矩阵，则 $\boldsymbol{E} \in H$，从而 H 非空．对于任意 $\boldsymbol{A}, \boldsymbol{B} \in H$，有

$$\det(\boldsymbol{A}\boldsymbol{B}^{-1}) = \det \boldsymbol{A} \cdot \det \boldsymbol{B}^{-1} = 1,$$

所以 $\boldsymbol{A}\boldsymbol{B}^{-1} \in H$．故 $H \leqslant G$．

例 6.34　设 $G = \mathbb{R} \times \mathbb{R}$，定义 G 上的二元运算 $\oplus$ 如下：

$$\langle x_1, y_1 \rangle \oplus \langle x_2, y_2 \rangle = \langle x_1 + x_2, y_1 + y_2 \rangle, \quad \forall \langle x_1, y_1 \rangle, \langle x_2, y_2 \rangle \in G,$$

则易知 G 关于二元运算 $\oplus$ 构成群．令

$$H = \{ \langle x, y \rangle \mid y = 2x, x, y \in \mathbb{R} \},$$

证明：$H \leqslant G$．

证明　显然 $\langle 0, 0 \rangle \in H$，即 H 非空．对于任意 $\langle x_1, y_1 \rangle, \langle x_2, y_2 \rangle \in H$，有

$$\langle x_1, y_1 \rangle \oplus \langle x_2, y_2 \rangle^{-1} = \langle x_1, y_1 \rangle \oplus \langle -x_2, -y_2 \rangle$$
$$= \langle x_1 - x_2, y_1 - y_2 \rangle.$$

因为 $y_1 = 2x_1$，$y_2 = 2x_2$，所以

$$y_1 - y_2 = 2(x_1 - x_2),$$

从而

$$\langle x_1, y_1 \rangle \oplus \langle x_2, y_2 \rangle^{-1} \in H.$$

故 $H \leqslant G$．

 习题 6.5

1. 设 G 为群，$a \in G$，令 $C = \{ x \mid xa = ax, x \in G \}$，证明：$C \leqslant G$．

2. 设 H 和 K 均为群 G 的子群，令

$$HK = \{ hk \mid h \in H, k \in K \},$$

证明：
$$HK \leqslant G \Leftrightarrow HK = KH.$$

3. 设 H 是群 G 的子群，$x \in G$，令
$$xHx^{-1} = \{xhx^{-1} \mid h \in H\},$$

证明：xHx^{-1} 是 G 的子群. 称这个子群为 H 的共轭子群.

4. 求群 $\langle \mathbb{Z}_6, +_6 \rangle$ 的所有子群.

5. 设 i 为虚数单位，即 $i^2 = -1$，令
$$G = \left\{ \pm \begin{bmatrix} 1 & 0 \\ 0 & 1 \end{bmatrix}, \pm \begin{bmatrix} i & 0 \\ 0 & -i \end{bmatrix}, \pm \begin{bmatrix} 0 & 1 \\ -1 & 0 \end{bmatrix}, \pm \begin{bmatrix} 0 & i \\ i & 0 \end{bmatrix} \right\}.$$

若 G 上的二元运算为矩阵乘法，试找出 G 的所有子群.

§6.6　陪集与拉格朗日定理

在群理论中，一个重要内容是用群的任意子群对群进行分解.

设 G 为群，H 和 K 皆为 G 的非空子集，记
$$HK = \{hk \mid h \in H, k \in K\},$$
$$H^{-1} = \{h^{-1} \mid h \in H\}.$$

我们称 HK 为 H 和 K 的积，而称 H^{-1} 为 H 的逆.

定义 6.21　设 H 是群 G 的子群，$a \in G$. 令
$$aH = \{ah \mid h \in H\},$$

称之为子群 H 关于 a 的左陪集，并称 a 为左陪集 aH 的代表元素.

类似地，也可以定义 H 关于 a 的右陪集 Ha 如下：
$$Ha = \{ha \mid h \in H\}.$$

例 6.35　试求例 6.34 中子群 H 的左陪集.

解　对于任意 $\langle x_0, y_0 \rangle \in G$，有 H 的左陪集
$$\langle x_0, y_0 \rangle \oplus H = \{\langle x_0, y_0 \rangle \oplus \langle x, y \rangle \mid \langle x, y \rangle \in H\}$$
$$= \{\langle x_0 + x, y_0 + y \rangle \mid \langle x, y \rangle \in H\}.$$

此左陪集的几何意义是：它表示过点 (x_0, y_0) 且平行于直线 $y = 2x$ 的直线.

例 6.36   非零有理数集 $\mathbb{Q}^*$ 关于乘法构成一个群. 令 $H=\{1,-1\}$,则 $H\leqslant\mathbb{Q}^*$. 对于任意 $a\in\mathbb{Q}^*$,有 $aH=\{a,-a\}$.

例 6.37   设 G 为有理数加群,H 为整数加群,则 $H\leqslant G$,且 H 的所有左陪集为

$$H,\quad \frac{1}{2}+H,\quad \frac{1}{3}+H,\quad \frac{2}{3}+H,\quad \frac{1}{4}H,\quad \frac{3}{4}+H,\quad \cdots.$$

设 H 是群 G 的子群,$a,b\in G$. 由定义 6.21 可知以下命题成立:

(a) $eH=H$;

(b) $aH=bH\Leftrightarrow a^{-1}b\in H$;

(c) $aH=H\Leftrightarrow a\in H$.

上述命题(b)给出了两个左陪集相等的充要条件,并且说明了左陪集中的任何元素都可以作为左陪集的代表元素.

对于有限群,有如下重要定理:

定理 6.16 (拉格朗日(Lagrange)定理)   设 G 为群,$H\leqslant G$.

(a) 令 $R=\{\langle a,b\rangle\,|\,a,b\in G,a^{-1}b\in H\}$,则 R 是 G 上的一个等价关系. 对于任意 $a\in G$,记 $[a]_R=\{x\,|\,x\in G,\langle a,x\rangle\in R\}$,则

$$[a]_R=aH.$$

(b) 若 G 是有限群,$|G|=n$,$|H|=m$,则 $m\mid n$.

证明   (a) 对于任意 $a\in G$,有 $e=a^{-1}a\in H$,故 aRa.

对于任意 $a,b\in G$,若 aRb,则 $a^{-1}b\in H$. 而 $b^{-1}a=(a^{-1}b)^{-1}\in H$,所以 bRa.

对于任意 $a,b,c\in G$,若 aRb,bRc,则 $a^{-1}b\in H$,$b^{-1}c\in H$,从而

$$a^{-1}c=(a^{-1}b)(b^{-1}c)\in H,$$

即 aRc.

综上所述,R 是 G 上的一个等价关系.

由于对于任意 $a\in G$,有

$$b\in[a]_R\Leftrightarrow a^{-1}b\in H\Leftrightarrow b\in aH,$$

因此

$$[a]_R=aH.$$

(b) 因为 R 是 G 上的一个等价关系,所以它将 G 划分成不同的等价类 $[a_1]_R,[a_2]_R,\cdots,[a_k]_R$,使得

$$G=\bigcup_{i=1}^{k}[a_i]_R=\bigcup_{i=1}^{k}a_iH.$$

由消去律知

$$|a_iH|=|H|=m, \quad i=1,2,\cdots,k,$$

所以 $m|n$.

注意　我们称子群 H 在群 G 中不同的左陪集个数为 H 在 G 中的指数,记作 $[G:H]$.

推论 1　有限群 G 中每个元素的阶都是 G 的阶的因子.

证明　设 $a\in G$, a 的阶为 m, $|G|=n$,则 $H=(a)$ 为 G 的 m 阶子群.故 $m|n$.

推论 2　每个阶为素数 p 的群 G 都是循环群.

证明　因 $p>1$,故存在 $a\in G$,使得 a 的阶 $m>1$.又 $m|p$,而 p 是素数,所以 $m=p$,即 $G=(a)$,亦即 G 是循环群.

例 6.38　设 G 为 4 阶群,讨论 G 具有怎样的形式.

解　若 G 含有 4 阶元素 a,则 $G=(a)$.

若 G 不含有 4 阶元素,则除单位元 e 外,G 的每个元素的阶均为 2.设 $G=\{e,a,b,c\}$.可以证明 $ab=ba=c$, $ac=ca=b$, $bc=cb=a$,又 $a^2=b^2=c^2=e$,故 G 上二元运算的运算表如表 6-6 所示.这样的群 G 称为 Klein 四元群.

表　6-6

·	e	a	b	c
e	e	a	b	c
a	a	e	c	b
b	b	c	e	a
c	c	b	a	e

例 6.39　设 G 是 6 阶群,证明:G 至少有一个子群 H,使得 $|H|=3$.

证明　G 中单位元 e 以外的元素,其阶不能全为 2.否则,G 为交换群.这时取 $K=\{e,a,b,ab\}$,其中 $a,b\in G$,则 $K\leqslant G$,从而 $4|6(|K|=4)$,矛盾.由此可见,G 中存在元素 u,其阶不是 2.由推论 1,u 的阶只能是 3 或 6.若 u 的阶为 3,则 $H=(u)$ 即为满足条件的 G 的子群;若 u 的阶为 6,则 G 是循环群,$H=(u^2)$ 即为满足条件的 G 的子群.

对于 G 的任意子群 H,左陪集 aH 未必等于右陪集 Ha.但是,对于 G 的某些特殊子群,其左陪集都等于右陪集.这样的子群在代数结构中占有重要地位.

定义 6.22　设 H 是群 G 的子群. 如果

$$aH = Ha, \quad \forall a \in G,$$

则称 H 是 G 的不变子群或正规子群, 记作 $H \lhd G$.

对于群 G 的不变子群 H, 不必区分左陪集和右陪集, 称之为 H 的陪集.

例 6.40　若 G 是交换群, 则 G 的任一子群都是不变子群.

例 6.41　设 H 是 G 的子群, $[G:H]=2$, 证明: H 是 G 的不变子群.

证明　对于任意 $a \in G$, 若 $a \in H$, 则 $aH = Ha$. 若 $a \notin H$, 则 aH, H 是 G 的两个不同的左陪集. 因 $[G:H]=2$, 故 $G = H \cup aH$. 同理, 有 $G = H \cup Ha$. 又有 $H \cap aH = \varnothing = H \cap Ha$, 故 $aH = G - H = Ha$. 所以, H 是 G 的不变子群.

下面的定理给出了群 G 的子群 H 为不变子群的几个充要条件.

定理 6.17　设 H 是群 G 的子群, 则下列命题是等价的:

(a) H 是 G 的不变子群;

(b) $aHa^{-1} = H, \forall a \in G$;

(c) $aHa^{-1} \subseteq H, \forall a \in G$;

(d) $aha^{-1} \in H, \forall a \in G, h \in H$.

证明　我们按照这样的途径进行证明: $(a) \Rightarrow (b) \Rightarrow (c) \Rightarrow (d) \Rightarrow (a)$.

$(a) \Rightarrow (b)$: 因 H 是不变子群, 故对于任意 $a \in G$, 有 $aH = Ha$. 于是

$$aHa^{-1} = (aH)a^{-1} = (Ha)a^{-1} = H(aa^{-1}) = He = H,$$

即 (b) 成立.

$(b) \Rightarrow (c)$: $\forall a \in G, aHa^{-1} = H \Rightarrow aHa^{-1} \subseteq H$.

$(c) \Rightarrow (d)$: 由于 $aHa^{-1} \subseteq H$, 因此对于任意 $a \in G, h \in H$, 有 $aha^{-1} \in H$.

$(d) \Rightarrow (a)$: 设对于任意 $a \in G, h \in H$, 有 $aha^{-1} \in H$, 则对于任意 $h \in H$, 存在 $h_1 \in H$, 使得

$$aha^{-1} = h_1,$$

从而有 $ah = h_1 a$. 故 $aH \subseteq Ha$. 又对于任意 $ha \in Ha$, 有 $a^{-1}ha \in H$, 故存在 $h_1 \in H$, 使得

$$a^{-1}ha = h_1.$$

于是 $ha=ah_1\in aH$,即 $Ha\subseteq aH$,从而
$$aH=Ha,\quad \forall a\in G,$$
即 H 是 G 的不变子群.

由定理 6.17 知,我们判断一个子群是否为不变子群时,除了应用不变子群的定义外,也可以应用定理 6.17(b),(c),(d)中任何一条. 一般说来,(d)比较方便,不需要判断两个子集是否相等.

例 6.42 证明:例 6.33 中 H 为 G 的不变子群.

证明 已知 $H\leqslant G$. 对于任意 $\boldsymbol{X}\in G,\boldsymbol{M}\in H$,有
$$\det(\boldsymbol{XMX}^{-1})=\det\boldsymbol{X}\cdot\det\boldsymbol{M}\cdot\det\boldsymbol{X}^{-1}=\det\boldsymbol{X}\cdot\det\boldsymbol{X}^{-1}$$
$$=\det(\boldsymbol{XX}^{-1})=1,$$
所以 $\boldsymbol{XMX}^{-1}\in H$.由定理 6.17 知,$H$ 是 G 的不变子群.

由群 G 和它的一个不变子群 H 可以构造一个新群,就是 G 的商群 G/H.

设 G 是群,H 是 G 的不变子群,令 G/H 是由 H 在 G 中的全体陪集构成的集合,即
$$G/H=\{aH\,|\,a\in G\}.$$
在 G/H 上定义二元运算 $\triangle$ 如下:
$$aH\triangle bH=abH,\quad \forall aH,bH\in G/H.$$
可以证明 G/H 关于二元运算 $\triangle$ 构成一个群,称之为 G 关于 H 的商群.

例 6.43 令
$$3\mathbb{Z}=\{3z\,|\,z\in\mathbb{Z}\},$$
则 $3\mathbb{Z}$ 是整数加群 $\mathbb{Z}$ 的不变子群,$\mathbb{Z}$ 关于 $3\mathbb{Z}$ 的商群为
$$\mathbb{Z}/3\mathbb{Z}=\{[0],[1],[2]\}.$$

 习题 6.6

1. 设群 $G=\langle\mathbb{Z}_6,+_6\rangle$,试写出 G 的每个子群及其相应的左陪集.
2. 设 G 为群,$a\in G$,令 $C=\{x\,|\,xa=ax,x\in G\}$,证明:C 为 G 的不变子群.
3. 设 G 为群,H,K 均为 G 的不变子群,证明:$H\cap K,H\cup K$ 都是 G 的不变子群.
4. 设 p 是质数,m 为正整数,证明:p^m 阶群一定包含一个 p 阶子群.

5. 设群 $G=M_m(\mathbb{Q})$（$M_m(\mathbb{Q})$ 是由元素为有理数的所有 m 阶矩阵构成的集合），$H=\{A\,|\,A\in G,\det A=1\}$，证明：$H$ 是 G 的不变子群.

6. 设 G 是群，S 是 G 的子群，令 $N(S)=\{x\,|\,x\in G,xSx^{-1}=S\}$，证明：$N(S)$ 是 G 的不变子群. $N(S)$ 叫作 S 的正规化子.

7. 设群 $G=\langle\mathbb{Q},+\rangle$，证明：$H=\mathbb{Z}$ 为 G 的不变子群.

§6.7　群同态与同构

定义 6.23　设 $\langle A,*\rangle$ 和 $\langle B,\circ\rangle$ 都是代数系统，映射 $\varphi:A\to B$. 若对于任意 $a,b\in A$，有
$$\varphi(a*b)=\varphi(a)\circ\varphi(b),$$
则称 φ 是从 A 到 B 的同态映射，简称同态.

例 6.44　设 G_1,G_2 是两个群，令
$$\varphi:x\mapsto e_2,\quad\forall x\in G_1,$$
其中 e_2 是 G_2 中的单位元，则 φ 是从 G_1 到 G_2 的同态.

任意两个群之间都存在像例 6.44 中 φ 这样的同态，通常称这样的同态为零同态.

例 6.45　设 G 为整数加群，G' 为非零实数关于乘法构成的群，令
$$\varphi:x\mapsto e^x,\quad\forall x\in G,$$
则 φ 是从 G 到 G' 的同态.

定义 6.24　设 G_1,G_2 均为群，φ 是从 G_1 到 G_2 的同态.

（a）若 φ 是满射，则称 φ 为满同态. 这时也称 G_2 是 G_1 的同态像，记作 $G_1\overset{\varphi}{\sim}G_2$.

（b）若 φ 是单射，则称 φ 为单同态.

（c）若 φ 是双射，则称 φ 为同构映射，简称同构. 这时也称 G_1 与 G_2 同构，记作 $G_1\cong G_2$.

（d）若 $G_1=G_2=G$，则称 φ 是群 G 的自同态. 若自同态 φ 还是双射，则称 φ 为自同构.

易知,同构映射的逆映射仍是同构映射.

例 6.46 设 G 为循环群,证明:若 G 为有限循环群,且 $|G|=n$,则 $G\cong\mathbb{Z}_n$;若 G 为无限循环群,则 $G\cong\mathbb{Z}$.

证明 设 G 为有限循环群:$G=(a)$,$|G|=n$. 构造映射

$$f: a^i \mapsto [i], \quad \forall a^i \in G,$$

则 f 为 $G\to\mathbb{Z}_n$ 的双射,且对对于任意 $a^i,a^j\in G$,有

$$f(a^i a^j) = f(a^{i+j}) = [i+j] = [i]+_n[j]$$
$$= f(a^i) +_n f(a^j).$$

故 f 为同构,从而 $G\cong\mathbb{Z}_n$.

若 G 为无限循环群,构造映射

$$f: a^i \mapsto i, \quad \forall a^i \in G,$$

易证 f 为 $G\to\mathbb{Z}$ 的同构,从而 $G\cong\mathbb{Z}$.

同构是很重要的,两个形式上不同的群,如果它们同构,那么可以抽象地把它们看作本质上相同的群,所不同的只是采用的符号不同.

定理 6.18 设 f 是从代数系统 $\langle A,*\rangle$ 到代数系统 $\langle B,\circ\rangle$ 的同态,则

(a) 如果 $\langle A,*\rangle$ 为半群,那么 $\langle f(A),\circ\rangle$ 也为半群;

(b) 如果 $\langle A,*\rangle$ 为独异点,那么 $\langle f(A),\circ\rangle$ 也为独异点;

(c) 如果 $\langle A,*\rangle$ 为群,那么 $\langle f(A),\circ\rangle$ 也为群.

证明 由于 f 为同态,所以 $f(A)\subseteq B$.

(a) 设 $\langle A,*\rangle$ 为半群,则对于任意 $a,b,c\in f(A)$,必有 $x,y,z\in A$,使得

$$a=f(x), \quad b=f(y), \quad c=f(z),$$
$$a\circ b=f(x)\circ f(y)=f(x*y)\in f(A),$$
$$(a\circ b)\circ c=f(x*y)\circ f(z)=f((x*y)*z)$$
$$=f(x*(y*z))=f(x)\circ f(y*z)$$
$$=f(x)\circ(f(y)\circ f(z))=a\circ(b\circ c).$$

因此,$\langle f(A),\circ\rangle$ 为半群.

(b) 设 $\langle A,*\rangle$ 为独异点,e 是 A 中的单位元,则

$$a\circ f(e)=f(x)\circ f(e)=f(x*e)$$

$$= f(e*x) = f(e) \circ f(x)$$
$$= f(e) \circ a.$$

所以, $f(e)$ 为 $f(A)$ 中的单位元, 从而 $\langle f(A), \circ \rangle$ 为独异点.

(c) 设 $\langle A, * \rangle$ 为群, $a = f(x) \in f(A), x \in A$, 则存在 $x^{-1} \in A$, 且

$$f(x) \circ f(x^{-1}) = f(x*x^{-1}) = f(e)$$
$$= f(x^{-1}) \circ f(x).$$

所以 $(f(x))^{-1} = f(x^{-1})$, 从而 $\langle f(A), \circ \rangle$ 为群.

定理 6.18 说明, 同态 f 将代数系统 $\langle A, * \rangle$ 中的有关代数性质传递到代数系统 $\langle B, \circ \rangle$ 的子代数 $\langle f(A), \circ \rangle$ 中.

定理 6.19　设 f 是从群 $\langle G, * \rangle$ 到群 $\langle G', \circ \rangle$ 的同态, e, e' 分别为 G, G' 中的单位元.

(a) $f(G) \leqslant G'$;

(b) 记 $\mathrm{Ker}f = \{x \mid f(x) = e', x \in G\}$, 则 $\mathrm{Ker}f \leqslant G$. 称 $\mathrm{Ker}f$ 为 f 的同态核.

证明　(a) 易知 $f(G) \subseteq G'$. 由定理 6.18 的证明知 $f(G) \leqslant G'$.

(b) 对于任意 $x, y \in \mathrm{Ker}f$, 有

$$f(x) = f(y) = e',$$
$$f(x*y^{-1}) = f(x) \circ f(y^{-1}) = f(x) \circ (f(y))^{-1}$$
$$= e' \circ (e')^{-1} = e' \circ e' = e',$$

从而 $x*y^{-1} \in \mathrm{Ker}f$, 得 $\mathrm{Ker}f \leqslant G$.

设 $\langle A, * \rangle$ 是代数系统, R 是 A 上的等价关系. 如果当 $a_1 R a_2, b_1 R b_2$ 时, 有 $(a_1 * b_1) R (a_2 * b_2)$, 则称 R 为 A 上关于二元运算 $*$ 的同余关系. 由这个同余关系将 A 划分成的等价类, 称为同余类.

定理 6.20　设 f 为从代数系统 $\langle A, * \rangle$ 到代数系统 $\langle B, \circ \rangle$ 的同态, 则 f 可诱导出 A 上的一个等价关系 R_f:

$$aR_f b \Leftrightarrow f(a) = f(b),$$

且 R_f 为 A 上的一个同余关系.

证明　易证 R_f 为 A 上的等价关系. 对于任意 $a, b, c, d \in A$, 若 aRb, cRd, 则

$$f(a) = f(b), \quad f(c) = f(d),$$

从而

$$f(a*c) = f(a) \circ f(c) = f(b) \circ f(d)$$
$$= f(b*d),$$

即

$$(a*c)R_f(b*d).$$

所以，R_f 为 A 上的同余关系.

例 6.47 证明：整数集 $\mathbb{Z}$ 上的模 k 同余关系关于加法为同余关系.

证明 首先，整数集 $\mathbb{Z}$ 上的模 k 同余关系是等价关系.

其次，对于任意 $a,b,c,d\in\mathbb{Z}$，若

$$a\equiv b(\bmod k), \quad c\equiv d(\bmod k),$$

则

$$a+c\equiv b+d(\bmod k).$$

所以，模 k 同余关系关于加法为同余关系.

例 6.48 设 G 是群，$N\lhd G$，令

$$g: G\rightarrow G/N,$$
$$g(a)=aN, \quad \forall a\in G,$$

证明：g 是从 G 到 G/N 的同态.

证明 g 为从 G 到 G/N 的映射，又对于任意 $a,b\in G$，有

$$g(ab)=abN=(aN)(bN)$$
$$=g(a)g(b),$$

所以 g 为从 G 到 G/N 的同态.

我们称例 6.48 中的 g 为自然同态. 易见，自然同态都是满同态.

定理 6.21 (同态基本定理) 设 G 是群，$N\lhd G$，则 G/N 是 G 的同态像；若 G' 是 G 在满同态 φ 下的同态像，则

$$G/\mathrm{Ker}\varphi\cong G'.$$

证明 由例 6.48 知，自然同态 g 是从 G 到 G/N 的满同态，所以 G/N 是 G 的同态像.

由定理条件知 φ 是从 G 到 G' 的满同态. 设 $\mathrm{Ker}\varphi=K$. 对于任意 $aK\in G/K$，令

$$f(aK)=\varphi(a).$$

下面证明 f 是从 G/K 到 G' 的同构.

首先，证明 f 是从 G/K 到 G' 的单射：

$$aK=bK\Leftrightarrow a^{-1}b\in K\Leftrightarrow\varphi(a^{-1}b)=e'$$
$$\Leftrightarrow\varphi(a)^{-1}\varphi(b)=e'\Leftrightarrow\varphi(a)=\varphi(b)$$
$$\Leftrightarrow f(aK)=f(bK).$$

其次,证明 f 是从 G/K 到 G' 的满射:由于 φ 是满同态,所以对于任意 $c\in G'$,存在 $a\in G$,使得 $\varphi(a)=c$,从而
$$f(aK) = \varphi(a) = c.$$
最后,证明 f 是从 G/K 到 G' 的同态:对于任意 $aK, bK\in G/K$,有
$$f((aK)(bK)) = f(abK) = \varphi(ab) = \varphi(a)\varphi(b)$$
$$= f(aK)f(bK).$$
综上所述,f 是从 G/K 到 G' 的同构,即
$$G/K = G/\mathrm{Ker}\varphi \cong G'.$$

习题 6.7

1. 设映射 $f:\mathbb{R}\to\mathbb{R}$,$f(x)=a^x(a>0,a\neq1)$,证明:$f$ 为从群 $\langle\mathbb{R},+\rangle$ 到群 $\langle\mathbb{R},\times\rangle$ 的单同态.

2. 设 G 是群,$a\in G$,令映射 $f:G\to G$,$f(x)=axa^{-1}$,证明:f 是 G 的自同构.

3. 证明:循环群的同态像也是循环群.

4. 群 $\langle\mathbb{R}-\{0\},\times\rangle$ 与 $\langle\mathbb{R},+\rangle$ 同构吗?

5. 设 f 为从群 $\langle G_1,*\rangle$ 到群 $\langle G_2,\circ\rangle$ 的同态,证明:f 为单同态当且仅当 $\mathrm{Ker}f=\{e_1\}$,其中 e_1 是 G_1 中的单位元.

6. 设 φ 是从群 $\langle G_1,*\rangle$ 到群 $\langle G_2,\circ\rangle$ 的同构,证明:φ^{-1} 是从 $\langle G_2,\circ\rangle$ 到 $\langle G_1,*\rangle$ 的同构.

§6.8　环与域

在前几节中,我们初步研究了具有一个二元运算的代数系统,即半群、独异点、群.在本节中,我们讨论的内容是具有两个二元运算的代数系统 $\langle R,*,\circ\rangle$,其中 $*,\circ$ 为集合 R 上的两个二元运算.例如,
$$\langle\mathbb{R},+,\times\rangle,\quad \langle\mathbb{Z}_n,+_n,\times_n\rangle,\quad \langle\mathrm{P}(S),\bigcup,\bigcap\rangle$$
皆属于讨论范围.

定义 6.25　设 $\langle R,*,\circ\rangle$ 是代数系统,其中 $*,\circ$ 都是集合 R 上的二元运算.如果 $\langle R,*,\circ\rangle$ 满足以下条件:

(a) $\langle R,*\rangle$ 是阿贝尔群;

(b) $\langle R,\circ\rangle$ 是半群;

(c) 二元运算 $\circ$ 关于二元运算 $*$ 满足分配律,

则称 $\langle R,*,\circ\rangle$ 是环,简记为 R. 这时也称 R 关于二元运算 $*$ 和 $\circ$ 构成环.

例 6.49　(a) 整数集 $\mathbb{Z}$、有理数集 $\mathbb{Q}$、实数集 $\mathbb{R}$、复数集 $\mathbb{C}$ 关于加法和乘法构成环,分别称之为整数环、有理数环、实数环、复数环;

(b) 由全体 $n(n\geqslant 2)$ 阶实矩阵组成的集合 $M_n(\mathbb{R})$ 关于矩阵的加法和乘法构成环,称之为 n 阶实矩阵环;

(c) 由全体实系数多项式组成的集合 $\mathbb{R}[x]$ 关于多项式的加法和乘法构成环,称之为多项式环;

(d) $\mathbb{Z}_n=\{[0],[1],\cdots,[n-1]\}$ 关于模 n 的加法 $+_n$ 和乘法 $\times_n$ 构成环,称之为模 n 的整数环或模 n 的剩余类环;

(e) 设 $\mathbb{Z}[\mathrm{i}]=\{a+b\mathrm{i}|a,b\in\mathbb{Z},\mathrm{i}^2=-1\}$,则 $\mathbb{Z}[\mathrm{i}]$ 关于加法和乘法构成环,称之为高斯(Gauss)整环.

例 6.50　记 $\mathbb{Q}(\sqrt{2})=\{a+b\sqrt{2}|a,b\in\mathbb{Q}\}$,则 $\langle\mathbb{Q}(\sqrt{2}),+,\times\rangle$ 是环.

在环 $\langle R,*,\circ\rangle$ 中,一般可以认为二元运算 $*$ 为"加法",二元运算 $\circ$ 为"乘法",所以通常也将环记为 $\langle R,+,\times\rangle$. 另外,在环 $\langle R,+,\times\rangle$ 中,我们通常将加法 $+$ 的单位元记为 $\theta(\theta$ 一定存在),乘法 $\times$ 的单位元记为 $e(e$ 可能不存在),元素 a 关于加法 $+$ 的逆元记为 $-a$,并将 $a+(-b)$ 记为 $a-b,a\times b$ 记为 ab.

定理 6.22　设 $\langle R,+,\times\rangle$ 是环,则

(a) 对于任意 $a\in R$,有 $a\theta=\theta a=\theta$;

(b) 对于任意 $a,b\in R$,有
$$(-a)b=a(-b)=-ab,\quad(-a)(-b)=ab;$$

(c) 对于任意 $a,b,c\in R$,有
$$a(b-c)=ab-ac,\quad(b-c)a=ba-ca,$$

证明　只证(a),(b),其余的证明留作练习.

(a) 对于任意 $a\in R$,有
$$a\theta=a(\theta+\theta)=a\theta+a\theta,$$
再由环中加法的消去律得 $a\theta=\theta$. 同理可证 $\theta a=\theta$.

(b) 对于任意 $a,b\in R$,有
$$ab+a(-b)=a[b+(-b)]=a\theta=\theta,$$
因此 $a(-b)$ 是 ab 的逆元,即

$$a(-b) = -ab.$$

同理可证

$$(-a)b = -ab, \quad (-a)(-b) = ab.$$

在环$\langle R, +, \times \rangle$中,两个元素之间一般可以做的运算是加法＋、减法－、乘法×三种,其中减法－为加法＋的逆运算.

下面介绍几种特殊的环.

定义 6.26   设$\langle R, +, \times \rangle$是环.

(a) 若$\langle R, +, \times \rangle$上的乘法×满足交换律,则称$\langle R, +, \times \rangle$是**交换环**;

(b) 若$\langle R, +, \times \rangle$中存在乘法×的单位元$e$,则称$\langle R, +, \times \rangle$是**幺环**;

(c) 若对于任意$a, b \in R$,有

$$ab = \theta \Rightarrow a = \theta \text{ 或 } b = \theta,$$

则称$\langle R, +, \times \rangle$是**无零因子环**;

(d) 若$\langle R, +, \times \rangle$既是交换环,又是幺环,还是无零因子环,则称$\langle R, +, \times \rangle$是**整环**.

例 6.51   证明:$\langle \mathbb{Z}, +, \times \rangle$是整环.

证明 $\langle \mathbb{Z}, +, \times \rangle$是环,$\langle \mathbb{Z}, \times \rangle$是独异点且可交换,所以$\langle \mathbb{Z}, +, \times \rangle$是幺环和交换环. 对于任意$m, n \in \mathbb{Z}$,若$m \neq 0, n \neq 0$,则$mn \neq 0$. 这说明,$\langle \mathbb{Z}, +, \times \rangle$也是无零因子环. 故$\langle \mathbb{Z}, +, \times \rangle$是整环.

例 6.52   证明:$\langle \mathbb{Z}_6, +_6, \times_6 \rangle$不是整环.

证明   显然,$[0]$为$\mathbb{Z}_6$上二元运算$+_6$的单位元. 虽然

$$[2] \neq [0], \quad [3] \neq [0],$$

但是

$$[2] \times_6 [3] = [0],$$

所以$\langle \mathbb{Z}_6, +_6, \times_6 \rangle$不是无零因子环,从而不是整环.

一般地,$\langle \mathbb{Z}_n, +_n, \times_n \rangle$是整环当且仅当$n$是素数.

定理 6.23   设R是环,则R是无零因子环当且仅当R中的乘法满足消去律,即对于任意$a, b, c \in R, a \neq \theta$,有

$$ab = ac \Rightarrow b = c \quad \text{(左消去律)},$$

$$ba = ca \Rightarrow b = c \quad （右消去律）.$$

证明 **充分性** 对于任意 $a,b \in R$，若 $ab = \theta, a \neq \theta$，则由

$$ab = \theta = a\theta$$

和左消去律得 $b = \theta$，从而 R 是无零因子环.

必要性 对于任意 $a,b,c \in R, a \neq \theta$，由 $ab = ac$ 得

$$a(b - c) = \theta.$$

由于 R 是无零因子环，$a \neq \theta$，因此必有 $b - c = \theta$，即 $b = c$. 所以，左消去律成立.

同理可证右消去律也成立.

定义 6.27 设 R 是整环，且 R 中至少含有两个元素. 若对于任意 $a \in R^* = R - \{\theta\}$，存在 $a^{-1} \in R$，则称 R 是域.

例 6.53 有理数集 $\mathbb{Q}$、实数集 $\mathbb{R}$、复数集 $\mathbb{C}$ 关于加法和乘法都构成域，分别称之为有理数域、实数域、复数域.

例 6.54 证明：$\langle \mathbb{Q}(\sqrt{2}), +, \times \rangle$ 是域.

证明 $\langle \mathbb{Q}(\sqrt{2}), +, \times \rangle$ 是整环. 对于任意 $a + b\sqrt{2} \in \mathbb{Q}(\sqrt{2}), a + b\sqrt{2} \neq 0$，存在 $c + d\sqrt{2} \in \mathbb{Q}(\sqrt{2})$，其中

$$c = \frac{a}{a^2 - 2b^2}, \quad d = \frac{b}{a^2 - 2b^2}, \quad c, d \in \mathbb{Q},$$

使得

$$(a + b\sqrt{2})(c + d\sqrt{2}) = 1,$$

即 $(a + b\sqrt{2})^{-1} = c + d\sqrt{2} \in \mathbb{Q}$. 因此，$\langle \mathbb{Q}(\sqrt{2}), +, \times \rangle$ 是域.

域中至少含有加法的单位元 θ，乘法的单位元 e. 最小的域即为由这两个元素所组成的. 域中两个元素之间可以做加法 $+$、减法 $-$、乘法 $\times$、除法 $/$ 四种运算，其中减法 $-$ 为加法 $+$ 的逆运算，除法 $/$ 为乘法 $\times$ 的逆运算：

$$a - b = a + (-b),$$
$$a/b = a \times b^{-1}.$$

例 6.55 $\langle \mathbb{Z}, +, \times \rangle$ 是整环，但不是域.

定义 6.28   设 R 是环，S 是 R 的非空子集。若 S 关于环 R 中的加法和乘法也构成一个环，则称 S 为 R 的**子环**。若 S 是 R 的子环，且 $S \subset R$，则称 S 是 R 的**真子环**。

例 6.56 $\langle \mathbb{Q}(\sqrt{2}), +, \times \rangle$ 是实数环 $\langle \mathbb{R}, +, \times \rangle$ 的真子环。

根据子群的判定定理，可以直接得到子环的判定定理。

定理 6.24（子环的判定定理）   设 R 是环，S 是 R 的非空子集。若 S 满足以下条件：

(a) 对于任意 $a, b \in S$，有 $a - b \in S$；

(b) 对于任意 $a, b \in S$，有 $ab \in S$，

则 S 是 R 的子环。

证明   由 (a) 知 S 关于环 R 中的加法构成群，由 (b) 知 S 关于环 R 中的乘法构成半群。在 S 中，关于加法的交换律以及乘法对加法的分配律是成立的。因此，S 是 R 的子环。

例 6.57   整数集 $\mathbb{Z}$ 关于加法和乘法构成环。任取 $m \in \mathbb{Z}$，则 $m\mathbb{Z} = \{mz \mid z \in \mathbb{Z}\}$ 是 $\mathbb{Z}$ 的非空子集，且对于任意 $mk_1, mk_2 \in m\mathbb{Z}$，有

$$mk_1 - mk_2 = m(k_1 - k_2) \in m\mathbb{Z},$$
$$(mk_1)(mk_2) = m(k_1 mk_2) \in m\mathbb{Z}.$$

由子环的判定定理知，$m\mathbb{Z}$ 是整数环 $\mathbb{Z}$ 的子环。

 习题 6.8

1. 证明：$\langle \mathbb{Z}, *, \circ \rangle$ 是有单位元的交换环，其中二元运算 $*, \circ$ 分别定义为
$$a * b = a + b - 1, \quad a \circ b = a + b - ab, \quad \forall a, b \in \mathbb{Z},$$

2. 设 $\langle R, +, * \rangle$ 是环，证明：对于任意 $a, b \in R$，有
$$(a + b)^2 = a^2 + a * b + b * a + b^2,$$
其中 $x^2 = x * x$。

3. 设 $\langle R, +, \times \rangle$ 是环，并且对于任意 $a \in R$，有 $a \times a = a$，证明：

(a) 对于任意 $a \in R$，有 $a + a = \theta$；

(b) $\langle R, +, \times \rangle$ 是交换环。

4. 判断下列集合关于给定的二元运算能否构成整环和域,如果不能构成,说明理由:

(a) $A = \{x \mid x = 2n, n \in \mathbb{Z}\}$,二元运算为加法和乘法;

(b) $A = \{a + b\sqrt{3} \mid a, b \in \mathbb{R}\}$,二元运算为加法和乘法.

5. 设 a 和 b 是幺环 R 中的两个可逆元素,证明:

(a) $-a$ 也是可逆元素,且 $(-a)^{-1} = -a^{-1}$;

(b) ab 也是可逆元素,且 $(ab)^{-1} = b^{-1}a^{-1}$.

6. 设 $\langle R, +, \times \rangle$ 是环,R 的子集 S 定义如下:

$$S = \{a \mid a^{-1} \in R\},$$

证明:$\langle S, \times \rangle$ 是群.

7. 在域 $\mathbb{Z}_5$ 中解方程组

$$\begin{cases} x + 2z = 1, \\ y + 2z = 2, \\ 2x + y = 1. \end{cases}$$

8. 构造一个三元域(即只含有三个元素的域).

第 7 章
格与布尔代数

本章介绍另一类代数系统——格.格不仅是代数学的一个分支,而且在近代解析几何、半序空间等方面有重要的作用.本章只介绍格的一些基本知识以及几个具有特殊性质的格——分配格、有补格和布尔代数.

另外说明一点,在本章中出现的 ∨ 和 ∧ 的符号不再代表逻辑运算中的合取和析取,而是格中的运算符.

§7.1 格的概念

在第 4 章中,我们学习了偏序集,即 $\langle A, \leqslant \rangle$,其中集合 A 的任一子集未必都有上确界和下确界.例如,在图 7-1 所示的偏序集中,$\{a,b\}$ 的上确界是 c,没有下确界;而 $\{e,f\}$ 的下确界是 d,没有上确界.

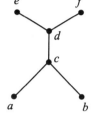

图 7-1

下面给出格作为偏序集的第一个定义.

定义 7.1   设 $\langle L, \leqslant \rangle$ 是偏序集.如果对于任意 $x,y \in L$,$\{x,y\}$ 同时有上确界和下确界,则称 $\langle L, \leqslant \rangle$ 是格,简记为 L.这时也称 L 关于偏序 $\leqslant$ 构成一个格.当 L 为有限集时,称格 $\langle L, \leqslant \rangle$ 为有限格;当 L 为无限集时,称格 $\langle L, \leqslant \rangle$ 为无限格.

例 7.1   设 n 是正整数,S_n 是由 n 的全体正因子组成的集合,$|$ 为整除关系,则偏序集 $\langle S_n, | \rangle$ 是格.对于任意 $x,y \in S_n$,$\{x,y\}$ 的上确界是 $\mathrm{1cm}(x,y)$,即 x 与 y 的最小公倍数;$\{x,y\}$ 的下确界是 $\gcd(x,y)$,即 x 与 y 的最大公约数.图 7-2 给出了格 $\langle S_{15}, | \rangle$,$\langle S_{18}, | \rangle$ 和 $\langle S_{30}, | \rangle$ 的哈斯图.

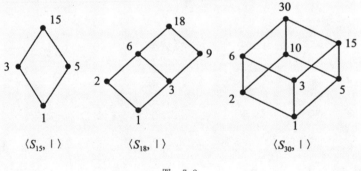

图 7-2

设 $\langle L, \leqslant \rangle$ 是格,在 L 上定义两个二元运算 $\vee,\wedge$,使得对于任意 $a,b \in L$,$a \vee b$ 为 $\{a,b\}$ 的上确界,$a \wedge b$ 为 $\{a,b\}$ 的下确界.我们称 $\langle L, \vee, \wedge \rangle$ 为由格 $\langle L, \leqslant \rangle$ 诱导的代数系统.二元运算 $\vee,\wedge$ 分别称为并运算和交运算.

例 7.2   设 $\langle L, \leqslant \rangle$ 是格,则 $\langle L, \geqslant \rangle$ 也是格,其中 $\geqslant$ 为偏序关系 $\leqslant$ 的逆关系.

定义 7.2　设 P 是含有格中元素以及符号 $=,\leqslant,\geqslant,\vee$ 和 $\wedge$ 的命题,而 P^* 是将 P 中的 $\leqslant$ 替换成 $\geqslant$,$\geqslant$ 替换成 $\leqslant$,$\vee$ 替换成 $\wedge$,$\wedge$ 替换成 $\vee$ 所得到的命题,称 P^* 为 P 的对偶命题.

定理 7.1（对偶原理）　设 L 为任一格,P 是含有 L 中元素以及符号 $=,\leqslant,\geqslant,\vee$ 和 $\wedge$ 的命题.若 P 为真,则 P 的对偶命题 P^* 也为真.

定理 7.1 的证明略.

定理 7.2　设 $\langle L,\leqslant\rangle$ 是格,则对于任意 $a,b\in L$,有

$$a\leqslant a\vee b,\quad b\leqslant a\vee b,\quad a\wedge b\leqslant a,\quad a\wedge b\leqslant b.$$

证明　因为 $a\vee b$ 为 $\{a,b\}$ 的一个上界,所以

$$a\leqslant a\vee b,\quad b\leqslant a\vee b.$$

又因为 $a\wedge b$ 为 $\{a,b\}$ 的一个下界,所以

$$a\wedge b\leqslant a,\quad a\wedge b\leqslant b.$$

定理 7.3　设 $\langle L,\leqslant\rangle$ 是格.对于任意 $a,b,c,d\in L$,若 $a\leqslant b,c\leqslant d$,则

$$a\vee c\leqslant b\vee d,\quad a\wedge c\leqslant b\wedge d.$$

证明　因 $a\leqslant b,b\leqslant b\vee d$,故 $a\leqslant b\vee d$.由 $c\leqslant d,d\leqslant b\vee d$ 得 $c\leqslant b\vee d$.而 $a\vee c$ 为 $\{a,c\}$ 的上确界,$b\vee d$ 为 $\{a,c\}$ 的一个上界,故

$$a\vee c\leqslant b\vee d.$$

同理可证

$$a\wedge c\leqslant b\wedge d.$$

定理 7.4　设 $\langle L,\leqslant\rangle$ 是格.对于任意 $a,b,c\in L$,若 $b\leqslant c$,则

$$a\vee b\leqslant a\vee c,\quad a\wedge b\leqslant a\wedge c.$$

证明　因 $b\leqslant c,c\leqslant a\vee c$,故 $b\leqslant a\vee c$.又有 $a\leqslant a\vee c$,于是

$$a\vee b\leqslant a\vee c.$$

同理可证

$$a\wedge b\leqslant a\wedge c.$$

定理 7.5　设 $\langle L,\leqslant\rangle$ 是格,则二元运算 $\vee,\wedge$ 满足:

(a) 交换律:对于任意 $a,b\in L$,有

$$a\vee b=b\vee a,\quad a\wedge b=b\wedge a;$$

(b) 结合律:对于任意 $a,b,c\in L$,有

$$(a \vee b) \vee c = a \vee (b \vee c),$$
$$(a \wedge b) \wedge c = a \wedge (b \wedge c);$$

(c) 幂等律：对于任意 $a \in L$，有

$$a \vee a = a, \quad a \wedge a = a;$$

(d) 吸收律：对于任意 $a, b \in L$，有

$$a \vee (a \wedge b) = a, \quad a \wedge (a \vee b) = a.$$

证明　只证(b)和(d)，其余的证明留作练习.

(b) 由上确界的定义知

$$a \leqslant a \vee b \leqslant (a \vee b) \vee c,$$
$$b \leqslant a \vee b \leqslant (a \vee b) \vee c,$$
$$c \leqslant (a \vee b) \vee c,$$

从而 $b \vee c \leqslant (a \vee b) \vee c.$ 由此可得

$$a \vee (b \vee c) \leqslant (a \vee b) \vee c.$$

同理可证

$$(a \vee b) \vee c \leqslant a \vee (b \vee c).$$

根据偏序关系的反对称性，有

$$(a \vee b) \vee c = a \vee (b \vee c).$$

由对偶原理知，$(a \wedge b) \wedge c = a \wedge (b \wedge c)$ 也成立.

(d) 易知 $a \leqslant a, a \wedge b \leqslant a$，得 $a \vee (a \wedge b) \leqslant a$，又 $a \leqslant a \vee (a \wedge b)$，所以

$$a \vee (a \wedge b) = a.$$

根据对偶原理，有

$$a \wedge (a \vee b) = a.$$

我们说格为特殊的偏序集，体现在以下两个定理中.

定理 7.6　设 $\langle L, \vee, \wedge \rangle$ 是具有两个二元运算 $\vee, \wedge$ 的代数系统，且二元运算 $\vee$ 和 $\wedge$ 满足吸收律，则二元运算 $\vee, \wedge$ 必满足幂等律.

证明　对于任意 $a \in L$，由吸收律得

$$a \vee a = a \vee (a \wedge (a \vee a)) = a.$$

同理可证

$$a \wedge a = a.$$

定理 7.7　设 $\langle L, \vee, \wedge \rangle$ 是代数系统，其中 $\vee, \wedge$ 均为二元运算且满足交换律、结合律、吸收律，则在 L 上存在偏序关系 $\leqslant$，使得 $\langle L, \leqslant \rangle$

是格.

证明　在 L 上定义二元关系 $\leqslant$ 如下:
$$a \leqslant b \Leftrightarrow a \wedge b = a, \quad \forall a, b \in L.$$
下证 $\leqslant$ 为 L 上的偏序关系.

由定理 7.6 知,二元运算 $\vee, \wedge$ 满足幂等律,从而对于任意 $a \in L$,有 $a \wedge a = a$,即 $a \leqslant a$.

对于任意 $a, b \in L$,若 $a \leqslant b, b \leqslant a$,由
$$a \leqslant b \Leftrightarrow a \wedge b = a, \quad b \leqslant a \Leftrightarrow b \wedge a = b$$
有
$$a = a \wedge b = b \wedge a = b.$$

对于任意 $a, b, c \in L$,若 $a \leqslant b, b \leqslant c$,由
$$a \leqslant b \Leftrightarrow a \wedge b = a, \quad b \leqslant c \Leftrightarrow b \wedge c = b$$
有
$$a \wedge c = (a \wedge b) \wedge c = a \wedge (b \wedge c)$$
$$= a \wedge b = a,$$
即 $a \leqslant c$.

所以,$\leqslant$ 是 L 上的偏序关系.

下证 $a \wedge b$ 为 $\{a, b\}$ 的下确界.

对于任意 $a, b \in L$,有
$$(a \wedge b) \wedge a = (a \wedge a) \wedge b = a \wedge b,$$
$$(a \wedge b) \wedge b = a \wedge (b \wedge b) = a \wedge b,$$
从而
$$a \wedge b \leqslant a, \quad a \wedge b \leqslant b.$$
假设 c 为 $\{a, b\}$ 的任一下界,即 $c \leqslant a, c \leqslant b$,则
$$c \wedge a = c, \quad c \wedge b = c.$$
而
$$c \wedge (a \wedge b) = (c \wedge a) \wedge b = c \wedge b = c,$$
得
$$c \leqslant a \wedge b,$$
于是 $a \wedge b$ 为 $\{a, b\}$ 的下确界.

由 $a \wedge b = a$ 得 $(a \wedge b) \vee b = a \vee b$,从而 $b = a \vee b$. 反之,由 $a \vee b = b$ 得 $a \wedge (a \vee b) = a \wedge b$,从而 $a = a \wedge b$. 因此

$$a \wedge b = a \Leftrightarrow a \vee b = b.$$

故可以类似地证明，$a \vee b$ 是 $\{a,b\}$ 的上确界.

综上所述，$\langle L, \leqslant \rangle$ 是一个格.

格其实是一类特殊的代数系统，即集合附加两个二元运算 $\vee$，$\wedge$ 且这两个二元运算满足交换律、结合律、吸收律、幂等律，同时还对应于一个偏序集，其中偏序关系 $\leqslant$ 由二元运算 $\vee$ 或 $\wedge$ 定义：

$$a \leqslant b \Leftrightarrow a \vee b = b (\text{或 } a \wedge b = a).$$

有时为了强调格上的二元运算，也将格 $\langle L, \leqslant \rangle$ 记为其诱导的代数系统 $\langle L, \vee, \wedge \rangle$.

例 7.3 设 $\langle L, \leqslant \rangle$ 是格，证明：对于任意 $a,b,c \in L$，有

$$a \vee (b \wedge c) \leqslant (a \vee b) \wedge (a \vee c),$$
$$(a \wedge b) \vee (a \wedge c) \leqslant a \wedge (b \vee c).$$

证明 由 $a \leqslant a, b \wedge c \leqslant b$ 得

$$a \vee (b \wedge c) \leqslant a \vee b,$$

又由 $a \leqslant a, b \wedge c \leqslant c$ 得

$$a \vee (b \wedge c) \leqslant a \vee c,$$

所以

$$a \vee (b \wedge c) \leqslant (a \vee b) \wedge (a \vee c).$$

根据对偶原理，有

$$(a \wedge b) \vee (a \wedge c) \leqslant a \wedge (b \vee c)$$

例 7.3 说明，在格中，对于偏序关系 $\leqslant$，二元运算 $\vee$ 对二元运算 $\wedge$ 的分配律成立. 一般说来，格中的二元运算 $\vee$ 和 $\wedge$ 并不是互相满足分配律的.

例 7.4 设 $\langle L, \leqslant \rangle$ 是格，证明：对于任意 $a,b,c \in L$，若 $a \leqslant b, a \leqslant c$，则 $a \leqslant b \wedge c$.

证明 由 $a \leqslant b, a \leqslant c$ 得

$$a \wedge a \leqslant b \wedge c,$$

所以 $a \leqslant b \wedge c$.

习题 7.1

1. 图 7-3 中给出了六个偏序集的哈斯图,判断其中哪些偏序集是格,如果不是格,说明理由.

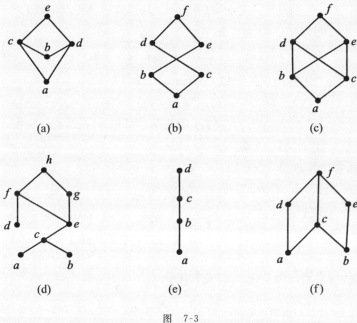

图　7-3

2. 下列集合关于整除关系都构成偏序集,判断其中哪些偏序集是格:

(1) $L=\{1,2,3,4,5,6\}$;

(2) $L=\{1,2,3,4,6,9,12,18,36\}$;

(3) $L=\{1,2,3,6,9,18\}$.

3. 设 $\langle L,\leqslant\rangle$ 是格, $a,b,c\in L$,且 $a\leqslant b\leqslant c$,证明:
$$a\vee b=b\wedge c.$$

4. 设 $\langle L,\leqslant\rangle$ 是格,证明:对于任意 $a,b,c\in L$,若 $a\leqslant b\leqslant c$,则
$$(a\wedge b)\vee(b\wedge c)=(a\vee b)\wedge(a\vee c).$$

§7.2　分配格与有补格

本节讨论两种特殊的格——分配格与有补格.

设 $\langle L,\leqslant\rangle$ 是格.由例 7.3 知道,对于任意 $a,b,c\in L$,有

$$a \vee (b \wedge c) \leqslant (a \vee b) \wedge (a \vee c),$$
$$(a \wedge b) \vee (a \wedge c) \leqslant a \wedge (b \vee c).$$

特别地,当上面两式中的"$\leqslant$"改为"$=$"也成立时,$\langle L, \leqslant \rangle$就是分配格.

定义 7.3   设$\langle L, \leqslant \rangle$是格.若对于任意$a,b,c \in L$,有

$$a \vee (b \wedge c) = (a \vee b) \wedge (a \vee c),$$
$$a \wedge (b \vee c) = (a \wedge b) \vee (a \wedge c),$$

则称$\langle L, \leqslant \rangle$为**分配格**.

由对偶原理可知,对于定义 7.3 中的两个等式,只要证明其中任何一个等式成立,即可说明 L 为分配格.

例 7.5   设 $S = \{a, b, c\}$,易知$\langle P(S), \subseteq \rangle$是格,而$\langle P(S), \bigcup, \bigcap \rangle$为由$\langle P(S), \subseteq \rangle$诱导的代数系统,证明:$\langle P(S), \subseteq \rangle$是分配格.

证明   因为对于任意 $p, q, r \in P(S)$,有

$$p \bigcup (q \bigcap r) = (p \bigcup q) \bigcap (p \bigcup r),$$

所以$\langle P(S), \subseteq \rangle$是分配格.

注意   一般地,可以证明(见例 7.10 及其后的注)对于任一非空集合 S,$\langle P(S), \subseteq \rangle$都是分配格.

例 7.6   设$\langle L_1, \leqslant \rangle$,$\langle L_2, \leqslant \rangle$,$\langle L_3, \leqslant \rangle$,$\langle L_4, \leqslant \rangle$都是格,图 7-4 是它们的哈斯图.易知$\langle L_1, \leqslant \rangle$和$\langle L_2, \leqslant \rangle$都是分配格,$\langle L_3, \leqslant \rangle$和$\langle L_4, \leqslant \rangle$均不是分配格.事实上,在 L_3 中,有

$$b \wedge (c \vee d) = b \wedge e = b,$$
$$(b \wedge c) \vee (b \wedge d) = a \vee a = a;$$

在 L_4 中,有

$$c \vee (b \wedge d) = c \vee a = c,$$
$$(c \vee b) \wedge (c \vee d) = e \wedge d = d.$$

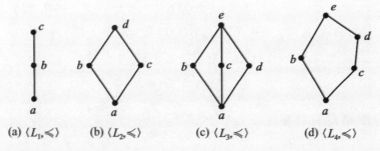

(a) $\langle L_1, \leqslant \rangle$ (b) $\langle L_2, \leqslant \rangle$ (c) $\langle L_3, \leqslant \rangle$ (d) $\langle L_4, \leqslant \rangle$

图   7-4

在例 7.6 中,$\langle L_1, \leqslant \rangle$ 是一种特殊的格,它的哈斯图形如一条链[图 7-4(a)],这种格称为链.

定理 7.8　每个链是分配格.

证明　设 $\langle L, \leqslant \rangle$ 是链,则 $\langle L, \leqslant \rangle$ 为格.

对于任意 $a, b, c \in L$,分以下两种情形进行讨论:

(a) $a \leqslant b$ 或 $a \leqslant c$. 这时无论是 $b \leqslant c$,还是 $c \leqslant b$,皆有

$$a \wedge (b \vee c) = a, \quad (a \wedge b) \vee (a \wedge c) = a,$$

即

$$a \wedge (b \vee c) = (a \wedge b) \vee (a \wedge c).$$

(b) $b \leqslant a$ 且 $c \leqslant a$. 这时有 $b \vee c \leqslant a$,得 $a \wedge (b \vee c) = b \vee c$;同时还有

$$(a \wedge b) \vee (a \wedge c) = b \vee c.$$

故

$$a \wedge (b \vee c) = (a \wedge b) \vee (a \wedge c).$$

综上所述,$\langle L, \leqslant \rangle$ 是分配格.

定理 7.9　设 $\langle L, \leqslant \rangle$ 是分配格. 对于任意 $a, b, c \in L$,若 $a \wedge b = a \wedge c$,且 $a \vee b = a \vee c$,则 $b = c$.

证明　
$$\begin{aligned} b &= b \vee (a \wedge b) = b \vee (a \wedge c) = (b \vee a) \wedge (b \vee c) \\ &= (a \vee c) \wedge (b \vee c) = (a \wedge b) \vee c \\ &= (a \wedge c) \vee c = c. \end{aligned}$$

定义 7.4　设 $\langle L, \leqslant \rangle$ 是格. 若对于任意 $a, b, c \in L$,当 $c \leqslant a$ 时,有

$$a \wedge (b \vee c) = (a \wedge b) \vee c,$$

则称 $\langle L, \leqslant \rangle$ 为模格.

定理 7.10　分配格是模格.

格可以分为模格和非模格;模格又可以分为分配格和非分配格. 在例 7.6 中,$\langle L_3, \leqslant \rangle$ 为模格,而 $\langle L_4, \leqslant \rangle$ 不是模格.

为了介绍有补格,先引入有界格的概念.

定义 7.5　设 $\langle L, \leqslant \rangle$ 是格. 若存在 $a \in L$,使得对于任意 $x \in L$,有 $a \leqslant x$,则称 a 为 $\langle L, \leqslant \rangle$ 的全下界;若存在 $b \in L$,使得对于任意 $x \in L$,有 $x \leqslant b$,则称 b 为 $\langle L, \leqslant \rangle$ 的全上界.

可以证明,若格 $\langle L, \leqslant \rangle$ 的全下界或全上界存在,则一定是唯一的. 故一般将格 $\langle L, \leqslant \rangle$ 的全下界记为 0,全上界记为 1.

定义 7.6　设 $\langle L, \leqslant \rangle$ 是格. 若 $\langle L, \leqslant \rangle$ 存在全下界和全上界, 则称 $\langle L, \leqslant \rangle$ 为**有界格**, 记为 $\langle L, \vee, \wedge, 0, 1 \rangle$.

定理 7.11　任何有限格 $\langle L, \leqslant \rangle$ 都是有界格.

证明　设 $L = \{a_1, a_2, \cdots, a_n\}$, 取

$$a = \bigwedge_{i=1}^{n} a_i = a_1 \wedge a_2 \wedge \cdots \wedge a_n, \quad b = \bigvee_{i=1}^{n} a_i = a_1 \vee a_2 \vee \cdots \vee a_n,$$

则 a 与 b 分别为格 $\langle L, \leqslant \rangle$ 的全下界与全上界, 所以 $\langle L, \leqslant \rangle$ 是有界格.

对于无限格而言, 有的是有界格, 有的不是有界格.

例 7.7　无论 S 是有限集, 还是无限集, $\langle P(S), \subseteq \rangle$ 都是有界格; $\langle [3, 6], \leqslant \rangle$ 是有界格; $\langle \mathbb{Z}, \leqslant \rangle$ 不是有界格.

定理 7.12　设 $\langle L, \vee, \wedge, 0, 1 \rangle$ 是有界格, 则对于任意 $a \in L$, 有

$$a \wedge 0 = 0, \quad a \vee 0 = a,$$
$$a \wedge 1 = a, \quad a \vee 1 = 1.$$

对于有界格 $\langle L, \vee, \wedge, 0, 1 \rangle$ 诱导的代数系统 $\langle L, \vee, \wedge \rangle$, 0 分别为二元运算 $\vee$ 和 $\wedge$ 的单位元和零元, 1 分别为二元运算 $\vee$ 和 $\wedge$ 的零元和单位元.

下面定义有界格中的补元和有补格.

定义 7.7　设 $\langle L, \vee, \wedge, 0, 1 \rangle$ 是有界格, $a \in L$. 若存在 $b \in L$, 使得

$$a \wedge b = 0, \quad a \vee b = 1,$$

则称 b 是 a 的**补元**.

由定义 7.7 不难看出, 若 b 是 a 的补元, 则 a 也是 b 的补元, 即 a 和 b 互为补元.

例 7.8　考虑图 7-4 中的四个格 $\langle L_1, \leqslant \rangle, \langle L_2, \leqslant \rangle, \langle L_3, \leqslant \rangle, \langle L_4, \leqslant \rangle$.

在格 $\langle L_1, \leqslant \rangle$ 中, a 与 c 互为补元, b 没有补元.

在格 $\langle L_2, \leqslant \rangle$ 中, a 为全下界, d 为全上界, 且 a 与 d 互为补元, b 与 c 互为补元.

在格 $\langle L_3, \leqslant \rangle$ 中, a 为全下界, e 为全上界, 且 a 与 e 互为补元, b 的补元是 c 和 d, c 的补元是 b 和 d, d 的补元是 b 和 c.

在格 $\langle L_4, \leqslant \rangle$ 中, a 为全下界, e 为全上界, 且 a 与 e 互为补元, b 的补元是 c 和 d, c 的补元是 b, d 的补元是 b.

例 7.9　考虑图 7-5 中的两个格 $\langle L_1,\leqslant\rangle$，$\langle L_2,\leqslant\rangle$.

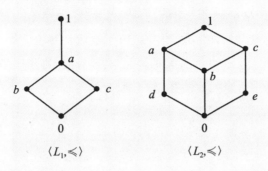

$\langle L_1,\leqslant\rangle$　　　　　　$\langle L_2,\leqslant\rangle$

图　7-5

在格 $\langle L_1,\leqslant\rangle$ 中，a,b,c 皆无补元，0 与 1 互为补元.

在格 $\langle L_2,\leqslant\rangle$ 中，a 与 e 互为补元，b 无补元，c 与 d 互为补元，0 与 1 互为补元.

在任何有界格中，0 与 1 总是互为补元，而其他元素可能存在补元，也可能不存在补元，而且即使存在补元，也可能不是唯一的.但是，对于有界分配格而言，如果其元素的补元存在，则一定是唯一的，即有下面的定理成立.

定理 7.13　设 $\langle L,\vee,\wedge,0,1\rangle$ 是有界分配格.若 $a\in L$，且 a 有补元 b，则 b 是 a 的唯一补元.

证明　设 $c\in L$ 也是 a 的补元，则

$$a\wedge b=0, \quad a\vee b=1,$$
$$a\wedge c=0, \quad a\vee c=1,$$

从而

$$a\wedge b=a\wedge c, \quad a\vee b=a\vee c.$$

由于 L 是分配格，根据定理 7.9，得 $b=c$.

定义 7.8　设 $\langle L,\vee,\wedge,0,1\rangle$ 是有界格.若对于任意 $a\in L$，在 L 中存在 a 的补元，则称 L 是有补格.

习题 7.2

1. 试举出两个含有六个元素的格，其中一个是分配格，另一个不是分配格.

2. 证明：格 $\langle \mathbb{Z},\max,\min\rangle$ 是分配格.

3. 试举例说明模格不一定是分配格.

4. 判断图 7-3 中的格是否为分配格、有补格,并说明理由.

5. 设 n 是正整数,D_n 表示由 n 的所有正因子组成的集合,| 为 D_n 上的整除关系,则 $\langle D_n, | \rangle$ 是格. 试指出格 $\langle D_{75}, | \rangle$ 中各元素的补元,若不存在,则指明不存在.

6. 找出格 $\langle D_{42}, | \rangle$ 中每个元素的补元.

7. 证明:含有三个及三个以上元素的链不是有补格.

8. 证明:$\langle D_{12}, | \rangle$ 是分配格.

§7.3 布尔代数

定义 7.9　　如果一个格是有补分配格,则称它为**布尔代数**或**布尔格**.

设 $\langle B, \leqslant \rangle$ 是布尔代数. 对于任意 $a \in B$,a 的补元是存在且唯一的,记为 a'. 可以把求补元的运算看作布尔代数中的一元运算,并将布尔代数 $\langle B, \leqslant \rangle$ 记为 $\langle B, \vee, \wedge, ', 0, 1 \rangle$.

例 7.10　设 S 是非空有限集,证明:$\langle P(S), \subseteq \rangle$ 是布尔代数.

证明　易知 $\langle P(S), \subseteq \rangle$ 是格,又二元运算 $\cup, \cap$ 满足交换律、结合律和吸收律,且它们相互可分配,故 $\langle P(S), \subseteq \rangle$ 是分配格. 显然,$\varnothing$ 为 $\langle P(S), \subseteq \rangle$ 的全下界,S 为 $\langle P(S), \subseteq \rangle$ 的全上界,所以 $\langle P(S), \subseteq \rangle$ 是有界格. 若取 S 为全集,则对于任何 $A \in P(S)$,A 的补集 $\overline{A}$ 即为 A 的补元. 所以,$\langle P(S), \subseteq \rangle$ 为布尔代数.

注意　其实,例 7.10 中的集合 S 可以是无限集. 通常将布尔代数 $\langle P(S), \subseteq \rangle$ 记为 $\langle P(S), \cup, \cap, ^-, \varnothing, S \rangle$,称之为**幂集代数**.

关于布尔代数,有下面定理 7.14 给出的性质.

定理 7.14　设 $\langle B, \vee, \wedge, ', 0, 1 \rangle$ 是布尔代数,则

(a) 对于任意 $a \in B$,有
$$(a')' = a;$$

(b) 对于任意 $a, b \in B$,有
$$(a \wedge b)' = a' \vee b', \quad (a \vee b)' = a' \wedge b'.$$

证明　(a) a 的补元 a' 应满足 $a' \wedge a = 0, a' \vee a = 1$,故 a' 的补元为 a,即 $(a')' = a$.

(b) 由 $(a \vee b) \wedge (a' \wedge b') = 0$ 及 $(a \vee b) \vee (a' \wedge b') = 1$ 知
$$(a \vee b)' = a' \wedge b'.$$
由 $(a \wedge b) \wedge (a' \vee b') = 0$ 及 $(a \wedge b) \vee (a' \vee b') = 1$ 知
$$(a \wedge b)' = a' \vee b'.$$

注意　称定理 7.14 中的 (a) 为双重否定律,而称 (b) 为德摩根律.
德摩根律对有限个元素也是成立的.

我们将含有有限个元素的布尔代数称为有限布尔代数. 设集合
$S = \{a_1, a_2, \cdots, a_n\}$,则 $\langle P(S), \subseteq \rangle$ 是含有 2^n 个元素的布尔代数. 下面我
们来研究有限布尔代数的结构.

定义 7.10　设 $\langle A, \vee, \wedge, ', 0, 1 \rangle$ 和 $\langle B, \vee, \wedge, ', 0, 1 \rangle$ 是两个布尔
代数. 若存在从 A 到 B 的双射 f,使得对于任意 $a, b \in A$,有
$$f(a \vee b) = f(a) \vee f(b),$$
$$f(a \wedge b) = f(a) \wedge f(b),$$
$$f(a') = (f(a))',$$
则称 f 是从 $\langle A, \vee, \wedge, ', 0, 1 \rangle$ 到 $\langle B, \vee, \wedge, ', 0, 1 \rangle$ 的同构映射(简称同
构),并称 $\langle A, \vee, \wedge, ', 0, 1 \rangle$ 与 $\langle B, \vee, \wedge, ', 0, 1 \rangle$ 同构.

定义 7.11　设 L 是格,0 为 L 的全下界,$a \in L$. 若对于任意 $b \in$
L,有
$$0 < b \leqslant a \Rightarrow b = a,$$
则称 a 是 L 的原子.

考虑图 7-2 中的三个格,$\langle S_{15}, | \rangle$ 的原子是 3 和 5,$\langle S_{18}, | \rangle$ 的原子是
2 和 3,$\langle S_{30}, | \rangle$ 的原子是 2,3 和 5.

定理 7.15　元素 $a (a \neq 0)$ 为布尔代数 B 的原子的充要条件是,
对于任意 $x \in B$,有
$$x \wedge a = a \quad \text{或} \quad x \wedge a = 0.$$

证明　**必要性**　因 $x \wedge a \leqslant a$,a 是原子,故
$$x \wedge a = a \quad \text{或} \quad x \wedge a = 0.$$

充分性　若 a 不是原子,则存在元素 $b \in B$,使得 $0 < b < a$. 于是 $b \wedge$
$a = b$,矛盾. 所以,a 是原子.

推论 1　设 a 是布尔代数 B 的原子,x 是 B 的任意元素,则 $a \leqslant x$
或 $a \leqslant x'$,但二者不能同时成立.

证明　我们有
$$x \wedge a = a \Leftrightarrow a \leqslant x, \quad x \wedge a = 0 \Leftrightarrow a \leqslant x'.$$

由定理 7.15 知,若 a 是原子,x 是 B 的任意元素,则
$$a \leqslant x \quad 或 \quad a \leqslant x'.$$
若这二者同时成立,则 $a \leqslant x \wedge x' = 0$. 这与 $a > 0$ 矛盾.

原子将 B 中的元素分成两类:第一类是与它可比的(包括自身),它小于或等于这一类中的任一元素;第二类是与它不可比的,它小于或等于这一类中任一元素的补元,或者这一类元素就是 0.

定理 7.16　设 B 是有限布尔代数,则对于每个不为 0 的元素 $x \in B$,至少存在一个原子 a,使得 $x \wedge a = a$.

证明　若 x 是原子,$x \wedge x = x$,则 x 就是满足条件的原子 a.

若 x 不是原子,因为 $x \geqslant 0$,所以从 x 下降到 0 有一条路径. 而 B 是有限的,故从 x 下降到 0 有一条有限路径:
$$x \geqslant a_1 \geqslant a_2 \geqslant \cdots \geqslant a_k \geqslant 0.$$
于是,a_k 满足
$$x \wedge a_k = a_k,$$
即 a_k 就是满足条件的原子 a.

定理 7.17　设 $\langle B, \vee, \wedge, ', 0, 1 \rangle$ 是布尔代数,a, b 是该布尔代数的两个原子. 若 $a \wedge b \neq 0$,则 $a = b$.

证明　由于 $a \wedge b \neq 0$,因此
$$0 < a \wedge b \leqslant a, \quad 0 < a \wedge b \leqslant b.$$
而 a, b 都是原子,所以
$$b = a \wedge b = a.$$

定理 7.18　设 $\langle B, \vee, \wedge, ', 0, 1 \rangle$ 是有限布尔代数,x 是 B 中任意不为 0 的元素,$a_1, a_2, \cdots, a_k$ 是满足 $a_i \leqslant x$ 的所有原子,则 x 可以表示为
$$x = a_1 \vee a_2 \vee \cdots \vee a_k, \tag{7.1}$$
且表达式是唯一的.

证明　记 $a_1 \vee a_2 \vee \cdots \vee a_k = a$. 因为 $a_i \leqslant x (i = 1, 2, \cdots, k)$,所以 $a \leqslant x$.

下证 $x \leqslant a$. 由于 $x \leqslant a \Leftrightarrow x \wedge a' = 0$,因此使用反证法.

假设 $x \wedge a' \neq 0$,则必有原子 b,使得
$$b \leqslant x \wedge a',$$
从而 $b \leqslant x, b \leqslant a'$. 又因 b 也是原子,且 $b \leqslant x$,故 $b \in \{a_1, a_2, \cdots, a_k\}$,从而 $b \leqslant a$. 这与 $b \leqslant a'$ 矛盾. 所以 $x \wedge a' = 0$,即 $x \leqslant a$.

综上所述,有

$$x = a = a_1 \vee a_2 \vee \cdots \vee a_k.$$

设 x 有另一种表达式：

$$x = b_1 \vee b_2 \vee \cdots \vee b_t,$$

其中 $b_1, b_2, \cdots, b_t$ 是 B 中满足 $b_i \leqslant x(i=1,2,\cdots,t)$ 的不同原子.
因为 $b_i \leqslant x(i=1,2,\cdots,t)$，所以 $\{b_1, b_2, \cdots, b_t\} \subseteq \{a_1, a_2, \cdots, a_k\}$，且 $t \leqslant k$.

如果 $t < k$，则 $a_1, a_2, \cdots, a_k$ 中必有某个 a_i 与 $b_1, b_2, \cdots, b_t$ 全不相同. 于是

$$a_i \wedge (b_1 \vee b_2 \vee \cdots \vee b_t) = a_i \wedge (a_1 \vee a_2 \vee \cdots \vee a_k) = 0,$$

得 $a_i = 0$，矛盾. 所以，$t = k$，且

$$\{b_1, b_2, \cdots, b_t\} = \{a_1, a_2, \cdots, a_k\}.$$

这说明，x 的表达式唯一.

称 (7.1) 式为 x 的**原子表达式**.

定理 7.19　设 $\langle B, \vee, \wedge, ', 0, 1 \rangle$ 是有限布尔代数，S 是由该布尔代数的全体原子组成的集合，则 $\langle B, \vee, \wedge, ', 0, 1 \rangle$ 与幂集代数 $\langle P(S), \cup, \cap, ^-, \varnothing, S \rangle$ 同构.

证明　任取 $x \in B$. 令

$$T(x) = \{a \mid a \in B, a \text{ 是原子，且 } a \leqslant x\},$$

则 $T(x) \subseteq S$. 定义函数 $f: B \to P(S)$ 如下：

$$f(x) = T(x), \quad \forall x \in B.$$

于是 $f(0) = \varnothing$，$f(1) = S$.

任取 $x, y \in B$. 对于任意 $b \in B$，有

$$b \in T(x \wedge y) \Leftrightarrow b \in S \text{ 且 } b \leqslant x \wedge y$$
$$\Leftrightarrow b \in S \text{ 且 } b \leqslant x$$

及

$$b \in S \text{ 且 } b \leqslant y \Leftrightarrow b \in T(x),$$
$$b \in T(y) \Leftrightarrow b \in T(x) \cap T(y),$$

从而

$$T(x \wedge y) = T(x) \cap T(y),$$

即

$$f(x \wedge y) = f(x) \cap f(y).$$

任取 $x, y \in B$. 设

$$x = a_1 \vee a_2 \vee \cdots \vee a_n, \quad y = b_1 \vee b_2 \vee \cdots \vee b_m$$

分别是 x 和 y 的原子表达式，则

$$x \vee y = a_1 \vee a_2 \vee \cdots \vee a_n \vee b_1 \vee b_2 \vee \cdots \vee b_m,$$

从而
$$T(x \vee y) = \{a_1, a_2, \cdots, a_n, b_1, b_2, \cdots, b_m\}.$$
故
$$T(x \vee y) = T(x) \bigcup T(y).$$

任取 $x \in B$，存在 $x' \in B$，使得
$$x \vee x' = 1, \quad x \wedge x' = 0,$$
因此
$$f(x) \bigcup f(x') = f(x \vee x') = f(1) = S,$$
$$f(x) \bigcap f(x') = f(x \wedge x') = f(0) = \varnothing.$$

由于 $\varnothing$ 和 S 分别为 $P(S)$ 的全下界和全上界，因此 $f(x')$ 是 $f(x)$ 在 $P(S)$ 中的补元，即
$$f(x') = (f(x))'.$$

下证 f 为双射.

假设 $f(x) = f(y)$，则
$$T(x) = T(y) \overset{\triangle}{=} \{a_1, a_2, \cdots, a_n\},$$
从而
$$x = a_1 \vee a_2 \vee \cdots \vee a_n = y.$$
于是，f 为单射.

任取 $\{b_1, b_2, \cdots, b_m\} \in P(S)$，令 $x = b_1 \vee b_2 \vee \cdots \vee b_m$，则
$$f(x) = T(x) = \{b_1, b_2, \cdots, b_m\}.$$
于是，f 是满射.

综上所述，$\langle B, \vee, \wedge, ', 0, 1 \rangle$ 与 $\langle P(S), \bigcup, \bigcap, ^{-}, \varnothing, S \rangle$ 同构.

推论 1   任一有限布尔代数的元素个数为 2^n，其中 n 是该布尔代数所有原子的个数.

推论 2   任何具有 2^n 个元素的有限布尔代数都是同构的.

根据推论 1，任何有限布尔代数的元素个数都是 2 的幂. 而推论 2 说明，在同构意义下，对于任何自然数 n，仅存在一个含有 2^n 个元素的布尔代数.

布尔代数在计算机科学中有着重要应用. 作为计算机设计基础的数字逻辑就是布尔代数；而命题逻辑可用布尔代数 $\langle \{0,1\}, \vee, \wedge, ^{-} \rangle$ 来描述，其中一个原子就是一个变元，它的取值为 1 或 0. 任一复合命题都可用布尔代数 $\langle \{0,1\}, \vee, \wedge, ^{-} \rangle$ 上的一个布尔函数来表示.

习题 7.3

1. 证明：在布尔代数 $\langle B, \wedge, \vee, ', 0, 1 \rangle$ 中，对于任意 $a, b \in B$，有
$$a \vee (a' \wedge b) = a \vee b, \quad a \wedge (a' \vee b) = a \wedge b.$$

2. 设 $\langle B, \vee, \wedge, ', 0, 1 \rangle$ 是布尔代数，$x, y \in B$，证明：
$$x \leqslant y \Leftrightarrow y' \leqslant x'.$$

3. 设 $\langle B, \wedge, \vee, ', 0, 1 \rangle$ 是布尔代数. 在 B 上定义二元运算 $*$ 如下：
$$a * b = (a \wedge b') \vee (a' \wedge b), \quad \forall a, b \in B.$$
证明：$\langle B, * \rangle$ 是阿贝尔群.

4. 设 $\langle B, \wedge, \vee, ', 0, 1 \rangle$ 是布尔代数. 在 B 上定义两个二元运算 $+$ 和 $\times$ 如下：
$$a + b = (a \wedge b') \vee (a' \vee b), \quad a \times b = a \wedge b, \quad \forall a, b \in B.$$
证明：$\langle B, +, \times \rangle$ 是以 1 为单位元的环.

5. 对于 $n = 1, 2, 3, 4, 5$，给出所有不同构的 n 元格（即含有 n 个元素的格），并说明其中哪些是分配格、有补格和布尔格.

第8章

图 论

图论是数学的一个分支，近年来它得到迅速发展，已广泛应用于计算机科学与技术的各领域，成为重要的工具. 图论最早起源于一些数字游戏的难题研究，如哥尼斯堡七桥问题、迷宫问题、环游世界旅行问题等. 随着科学的发展，图论在解决运筹学、网络理论、信息论、控制论等领域的问题时，日益突显出它的重要性.

现实世界中许多现象都可以用某种图形来表示，这种图形是由一些点和一些连接两个点之间的线所组成的，其中用点表示要研究的离散对象，用边表示研究对象之间的关系，用图形描述某些事物之间某种特定的二元关系. 在这种图形中，点的位置，线的长短、曲直是无关紧要的. 这种图形为任何一个包含某种二元关系的系统提供了一个数学模型.

§8.1　图的基本概念

为了给出图论中图的抽象而严格的数学定义,先介绍无序积的概念.

设 A, B 为任意的两个集合,称

$$\{\{a, b\} \mid a \in A, b \in B\}$$

为 A 与 B 的 **无序积**,记作 $A \& B$.

注意　$A \& B = B \& A$,记 $\{a, b\} = (a, b)$.

定义 8.1　一个 **无向图** 是一个有序的二元组 $\langle V, E \rangle$,记作 G,其中

(a) $V \neq \varnothing$ 是由点组成的集合,称为 **顶点集**,其元素称为 **顶点** 或 **结点**;

(b) E 是由 V 中两个顶点之间的连线组成的集合,称为 **边集**,它可看作无序积 $V \& V$ 的子集,其元素称为 **无向边**.

定义 8.2　一个 **有向图** 是一个有序的二元组 $\langle V, E \rangle$,记作 D,其中

(a) V 是顶点集;

(b) E 是由 V 中两个顶点之间带方向的连线组成的集合,称为 **边集**,它可看作笛卡儿积 $V \times V$ 的子集,其元素称为 **有向边**.

以上是无向图与有向图的集合定义,可以用图形表示它们,即用实心点(或小圆圈)表示顶点,用顶点之间的连线表示无向边,用顶点之间带方向的连线表示有向边.无向图和有向图统称为 **图**,记为 G,并用 $V(G)$ 和 $E(G)$ 分别表示图 G 的顶点集和边集;无向边和有向边统称为 **边**.另外,我们将只含有顶点而不含有边的图称为 **零图**,而将只含有一个顶点的零图称为 **平凡图**.

例 8.1　画出下面的无向图 G 与有向图 D:

(a) 无向图 $G = \langle V, E \rangle$,其中

$$V = \{v_1, v_2, v_3, v_4\},$$

$$E = \{(v_1, v_1), (v_1, v_2), (v_1, v_2), (v_1, v_3), (v_1, v_4), (v_2, v_4), (v_3, v_4)\};$$

(b) 有向图 $D = \langle V, E \rangle$,其中

$$V = \{v_1, v_2, v_3, v_4\},$$

$$E = \{\langle v_1, v_1 \rangle, \langle v_1, v_2 \rangle, \langle v_2, v_1 \rangle, \langle v_3, v_1 \rangle, \langle v_4, v_2 \rangle, \langle v_4, v_3 \rangle, \langle v_4, v_3 \rangle\}.$$

解　无向图 G 和有向图 D 如图 8-1 所示.

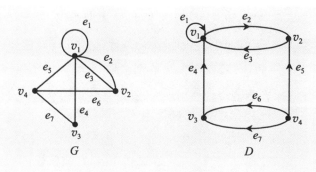

图 8-1

有关图 $G=\langle V,E\rangle$ 的一些概念与说明：

（a）用 $|V|$，$|E|$ 分别表示图 G 的顶点数和边数. 若 $|V|=n$，则称图 G 为 n 阶图.

（b）若 $|V|$ 与 $|E|$ 均为有限数，则称 G 为有限图.

（c）在用图形表示图 G 时，常用 e_k 表示无向边 (v_i,v_j)（或有向边 $\langle v_i,v_j\rangle$），并将顶点或边用字母标定的图称为标定图. 另外，将有向图中各有向边均改成无向边后得到的无向图称为原图的底图.

（d）设 G 为无向图，$e_k=(v_i,v_j)\in E$，称 v_i,v_j 为边 e_k 的端点，并称 e_k 与 v_i 或 e_k 与 v_j 关联. 若 $v_i\neq v_j$，则称 e_k 与 v_i 或 e_k 与 v_j 的关联次数为 1；若 $v_i=v_j$，则称 e_k 与 v_i 的关联次数为 2，并称 e_k 为环.

设 G 为有向图，$e_k=\langle v_i,v_j\rangle\in E$，分别称 v_i,v_j 为 e_k 的起点和终点，并称 e_k 与 v_i 或 e_k 与 v_j 关联. 若 $v_i=v_j$，则称 e_k 为环.

无论在无向图还是在有向图中，无边关联的顶点均称为孤立点.

（e）设 G 为无向图，$v_i,v_j\in V$，$e_k,e_l\in E$. 若存在 $e_t\in E$，使得 $e_t=(v_i,v_j)$，则称 v_i 与 v_j 是相邻的. 若 e_k 与 e_l 至少有一个公共端点，则称 e_k 与 e_l 是相邻的.

设 G 为有向图，$v_i,v_j\in V$，$e_k,e_l\in E$. 若存在 $e_t\in E$，使得 $e_t=\langle v_i,v_j\rangle$，则称 v_i 与 v_j 是相邻的. 若 e_k 的终点为 e_l 的起点，则称 e_k 与 e_l 是相邻的.

（f）在无向图 G 中，如果关联的一对顶点的无向边多于一条，则称这些边为平行边，并称平行边的条数为重数. 在有向图 G 中，如果关联的一对顶点的有向边多于一条，且这些边的方向相同，则称这些边为平行边. 含有平行边的图 G 称为多重图；既不含有平行边，也不含有环的图 G 称为简单图.

定义 8.3　　设 $G=\langle V,E\rangle$ 为无向图,对于任意 $v\in V$,称 G 中所有边与 v 的关联次数之和为 v 的**度数**,记作 $d(v)$.设 $D=\langle V,E\rangle$ 为有向图,对于任意 $v\in V$,v 作为边的起点时,v 的次数之和称为 v 的**出度**,记作 $d^+(v)$;v 作为边的终点时,v 的次数之和称为 v 的**入度**,记作 $d^-(v)$;称 $d^+(v)+d^-(v)$ 为 v 的**度数**,记作 $d(v)$.

在无向图 G 中,令

$$\Delta(G)=\max\{d(v)\,|\,v\in V\},$$
$$\delta(G)=\min\{d(v)\,|\,v\in V\},$$

分别称 $\Delta(G),\delta(G)$ 为 G 的**最大度**和**最小度**.在有向图 D 中,可类似地定义最大度 $\Delta(D)$ 和最小度 $\delta(D)$.令

$$\Delta^+(D)=\max\{d^+(v)\,|\,v\in V\},$$
$$\delta^+(D)=\min\{d^+(v)\,|\,v\in V\},$$
$$\Delta^-(D)=\max\{d^-(v)\,|\,v\in V\},$$
$$\delta^-(D)=\min\{d^-(v)\,|\,v\in V\},$$

分别称它们为 D 的**最大出度**、**最小出度**、**最大入度**、**最小入度**.

另外,称度数为 1 的顶点为**悬挂顶点**,并称与它关联的边为**悬挂边**;称度数为 k 的顶点为 k **度顶点**,并称度数为偶数(或奇数)的顶点为**偶度顶点**(或**奇度顶点**).

下面给出图论中的基本定理——握手定理.

定理 8.1　(握手定理)　设 $G=\langle V,E\rangle$ 为任意无向图,$V=\{v_1,v_2,\cdots,v_n\},|E|=m$,则

$$\sum_{i=1}^{n}d(v_i)=2m.$$

证明　G 中每条边均有两个端点,每条边对应的度数均为 2,而 G 中有 m 条边,所以 G 中所有顶点的度数之和是 m 条边对应的度数 $2m$.

由定理 8.1 立即可得到下面的定理 8.2.

定理 8.2　(握手定理)　设 $D=\langle V,E\rangle$ 为任意有向图,$V=\{v_1,v_2,\cdots,v_n\},|E|=m$,则

$$\sum_{i=1}^{n}d(v_i)=2m,$$

$$\sum_{i=1}^{n}d^+(v_i)=\sum_{i=1}^{n}d^-(v_i)=m.$$

推论 1　在任何图中,奇度顶点的个数是偶数.

证明　设 $G=\langle V,E\rangle$ 为任一图,令

$$V_1 = \{v \mid v \in V, d(v) \text{ 为奇数}\},$$

$$V_2 = \{v \mid v \in V, d(v) \text{ 为偶数}\},$$

则 $V_1 \bigcup V_2 = V, V_1 \bigcap V_2 = \varnothing$. 由握手定理可知

$$2m = \sum_{v \in V} d(v) = \sum_{v \in V_1} d(v) + \sum_{v \in V_2} d(v),$$

所以 $\sum_{v \in V_1} d(v)$ 为偶数. 而 V_1 中顶点的度数为奇数, 故 $|V_1|$ 为偶数.

定理 8.3 设 G 为任意 n 阶无向简单图, 则

$$\Delta(G) \leqslant n - 1.$$

证明 因为 G 既无平行边, 也无环, 所以 G 中任何顶点 v 至多与其余 $n-1$ 个顶点 (若还有的话) 均相邻, 于是 $d(v) \leqslant n-1$. 由 v 的任意性可得

$$\Delta(G) \leqslant n-1.$$

定义 8.4 (a) 设 G 为 n 阶无向简单图. 若 G 中每个顶点均与其余 $n-1$ 个顶点 (若还有的话) 相邻, 则称 G 为 n 阶无向完全图, 记作 K_n.

(b) 设 D 为 n 阶有向简单图. 若 D 中每个顶点都与其余 $n-1$ 个顶点 (若还有的话) 相邻, 且每两个顶点之间有两条方向相反的有向边, 则称 D 是 n 阶有向完全图.

(c) 设 D 为 n 阶有向简单图. 若 D 的底图为 n 阶无向完全图 K_n, 则称 D 是 n 阶竞赛图.

易知, n 阶无向完全图、n 阶有向完全图、n 阶竞赛图的边数分别为

$$\frac{n(n-1)}{2}, \quad n(n-1), \quad \frac{n(n-1)}{2}.$$

在图 8-2 中, (a) 为 K_4, (b) 为 3 阶有向完全图, (c) 为 5 阶竞赛图.

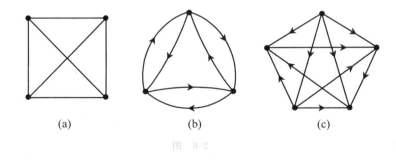

(a)　　　　　　(b)　　　　　　(c)

图 8-2

定义 8.5 设 G 为 n 阶无向简单图. 若对于任意 $v \in V$, 有

$$d(v) = k,$$

则称 G 为 k-正则图.

例 8.2 图 8-3(a),(b),(c),(d)分别给出了 4 阶的 0-正则图、1-正则图、2-正则图、3-正则图.

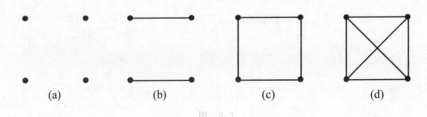

图 8-3

易知,n 阶 k-正则图的边数为 $m=\dfrac{kn}{2}$.

定义 8.6 设 $G=\langle V,E\rangle,G'=\langle V',E'\rangle$ 为两个无向图(或有向图).若 $V'\subseteq V,E'\subseteq E$,则称 G' 是 G 的**子图**,记作 $G'\subseteq G$.这时也称 G 为 G' 的**母图**.若 $V'\subset V$ 或 $E'\subset E$,则称 G' 为 G 的**真子图**.若 $V'=V,E'\subseteq E$ 则称 G' 为 G 的**生成子图**.

定义 8.7 设 $G=\langle V,E\rangle$ 为 n 阶无向简单图.以 V 为顶点集,以所有使 G 成为无向完全图 K_n 的添加边组成的集合为边集的图,称为 G 的**补图**,记作 $\overline{G}$.

显然,图 G 与 $\overline{G}$ 互为补图.例如,图 8-4 中的 G 与 $\overline{G}$ 互为补图.

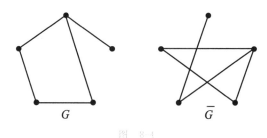

图 8-4

定义 8.8 设 $G_1=\langle V_1,E_1\rangle,G_2=\langle V_2,E_2\rangle$ 为两个无向图(或有向图).若存在双射
$$f:V_1\to V_2,$$
使得对于任意 $v_i,v_j\in V_1,(v_i,v_j)\in E_1$(或 $\langle v_i,v_j\rangle\in E_1$),有
$$(f(v_i),f(v_j))\in E_2 \quad (\text{或}\langle f(v_i),f(v_j)\rangle)\in E_2),$$
并且
$$(v_i,v_j)\text{与}(f(v_i),f(v_j)) \quad (\text{或}\langle v_i,v_j\rangle\text{与}\langle f(v_i),f(v_j)\rangle)$$
的重数相同,则称 f 为从 G_1 到 G_2 的**同构映射**(简称**同构**),并称 G_1 与 G_2 **同构**,记作 $G_1\cong G_2$.

定义 8.8 说明,如果两个图的各顶点之间存在一一对应关系,而且这种对应关系保持了顶点之间的邻接关系(为有向图时还保持边的方向)和边的重数,则这两个图是同构的. 两个同构的图,除了顶点和边的名称不同外,实际上代表同样的组合结构.

图之间的同构关系"$\cong$"可以看成全体图集合上的二元关系,这个二元关系实际上为等价关系. 在这个等价关系的每个等价类中均取一个非标定图作为代表,凡是与它同构的图,在同构的意义下都可以看成同一个图.

例 8.3   图 8-5 中的图 $G_1=\langle V_1, E_1\rangle$ 与 $G_2=\langle V_2, E_2\rangle$ 同构. 事实上,只要令 $f: V_1 \to V_2, f(v_i)=u_i (i=1,2,\cdots,6)$,则 f 为从 G_1 到 G_2 的同构映射.

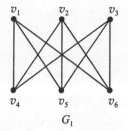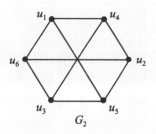

图   8-5

例 8.4   在图 8-6 中,图 $G_1=\langle V_1, E_2\rangle$ 与 $G_2=\langle V_2, E_2\rangle$ 是同构的. 这里同样令 $f: V_1 \to V_2, f(v_i)=u_i (i=1,2,3,4)$,则 f 为从 G_1 到 G_2 的同构映射.

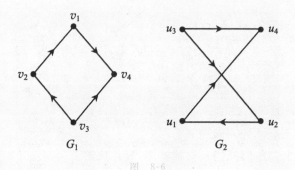

图   8-6

两个图的阶相等、边数相等、度数相同的顶点数相等是它们同构的必要条件. 不满足这些必要条件中的任何一个,两个图就不同构. 反之,即使以上必要条件都满足,两个图也不一定同构. 例如,在图 8-7 中的两个图 G_1 和 G_2,虽然满足以上必要条件,但显然它们不同构.

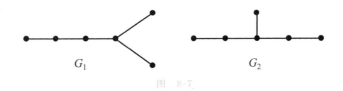

图 8-7

在由实际问题抽象出来的图中,顶点和边上往往都带有信息.通常用定义在顶点集和边集上的函数来表示所带的信息.这时图可表示为如下形式:

$$G = \langle V, E, f \rangle \quad \text{或} \quad G = \langle V, E, f, g \rangle,$$

其中 V 是顶点集,E 是边集,f 是定义在 V 上的函数,g 是定义在 E 上的函数.我们称这样的图为赋权图.

 习题 8.1

1. 先将图 8-8 中两个图 G_1 和 G_2 的顶点标定顺序,然后写出它们的集合表示.

 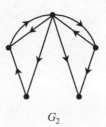

G_1 G_2

图 8-8

2. 设 n 阶图 G 中含有 m 条边,证明:

$$\delta(G) \leqslant \frac{2m}{n} \leqslant \Delta(G).$$

3. 证明:在含有 n 个顶点的无向简单图中,至少有 2 个顶点,其度数相同,这里 $n \geqslant 2$.

4. 证明:在任何有向完全图中,所有顶点入度的平方和等于所有顶点出度的平方和.

5. 6 阶 2-正则图有几种非同构的情况?

6. 如果一个无向简单图同构于它的补图,则称该图为自补图.

(a) 给出一个含有 4 个顶点的自补图.

(b) 给出一个含有 5 个顶点的自补图.

(c) 是否存在含有 3 个顶点和 6 个顶点的自补图?

(d) 证明:一个 n 阶自补图 G,其所含的顶点数为

$$n = 4k \quad \text{或} \quad n = 4k + 1,$$

其中 k 为正整数.

7. 设 G 是 6 阶无向简单图,证明:G 或它的补图 $\bar{G}$ 中存在 3 个顶点彼此相邻.

8. 如果存在一个含有 n 个顶点的无向简单图,其各顶点的度数分别是 $d_1, d_2, \cdots, d_n$,则称这 n 个非负整数构成的有序 n 元组 $(d_1, d_2, \cdots, d_n)$ 为**可构成图的**.证明:

(1) $(4, 3, 2, 2, 1)$ 是可构成图的;

(2) $(2, 2, 2, 1)$ 是不可构成图的.

§8.2 路径与回路

路径与回路也是图论中的重要概念.

定义 8.9 设 G 为无向标定图,称 G 中顶点与边的交替序列

$$C: v_{i_0} e_{j_1} v_{i_1} e_{j_2} v_{i_2} \cdots e_{j_l} v_{i_l}$$

为从 v_{i_0} 到 v_{i_l} 的**路径**,其中 $v_{i_{r-1}}$ 和 v_{i_r} 为关联 e_{j_r} $(r = 1, 2, \cdots, l)$ 的两个顶点,v_{i_0} 和 v_{i_l} 分别称为该路径的**始点**和**终点**,边数 l 称为该路径的**长度**.若 $v_{i_0} = v_{i_l}$,则称 C 为**回路**.若 C 的所有边均不相同,则称 C 为**迹**.若 C 是迹,且 $v_{i_0} = v_{i_l}$,则称 C 为**简单回路**.若 C 的所有顶点(除了 v_{i_0} 与 v_{i_l} 可能相同外)各异,则称 C 为**通路**.若 C 为通路,且 $v_{i_0} = v_{i_l}$,则称 C 为**圈**.

有向图中路径及各种回路的定义与无向图的情形类似,只需注意有向边方向的一致性即可.

上面用顶点与边的交替序列定义了路径,我们还可以用更简单的表示法来表示路径:

(a) 可以只用边的序列来表示路径.例如,定义 8.9 中的路径 C 可以表示成 $e_{j_1} e_{j_2} \cdots e_{j_l}$.

(b) 在简单图中,也可以只用顶点序列来表示路径.例如,定义 8.9 中的路径 C 可以表示成 $v_{i_0} v_{i_1} \cdots v_{i_l}$.

定理 8.4 在 n 阶图 G 中,若从顶点 u 到顶点 $v (u \neq v)$ 存在一条路径,则从 u 到 v 存在一条长度不大于 $n-1$ 的通路.

证明 设从 u 到 v 存在一条路径 $u \cdots u_i \cdots v$.如果这条路径中有相同的顶点,如 $u \cdots u_i \cdots v_k \cdots v_k \cdots v$,则从中删去从 v_k 到 v_k 的这些边,剩下的部分仍然是从 u 到 v 的路径.如此反复进行,直至 $u \cdots u_i \cdots v$ 中没有相同顶点为止,此时所得的就是一条通路.通路的长度比它所含的顶点数少,而 G 中只有 n 个顶点,故从 u 到 v 的通路的长度不超过 $n-1$.

类似地,可证明下面的定理.

定理 8.5   在 n 阶图 G 中,若存在从顶点 v 到其自身的回路,则一定存在从顶点 v 到其自身的长度不超过 n 的圈.

利用两个顶点之间的路径,可以研究图的连通性.下面先讨论无向图的连通性.

定义 8.10   设无向图 $G=\langle V,E\rangle$. 对于任意 $u,v\in V$,若 u,v 之间存在一条路径,则称 u 与 v 是连通的,记作 $u\sim v$.

规定:$u\sim u,\forall u\in V$.

易知,无向图中两个顶点之间的连通关系
$$\sim=\{\langle u,v\rangle \mid u,v\in V,且 u 与 v 之间有路径\}$$
是 V 上的等价关系.

定义 8.11   若无向图 G 是平凡图或 G 中任何两个顶点都是连通的,则称 G 为连通图;否则,称 G 为非连通图.

定义 8.12   设无向图 $G=\langle V,E\rangle$,V 关于顶点之间的连通关系 $\sim$ 的商集 $V/\sim=\{V_1,V_2,\cdots,V_m\}$,其中 $V_i(i=1,2,\cdots,m)$ 为关于连通关系 $\sim$ 的等价类,它们相应的子图记为
$$G(V_i)\quad(i=1,2,\cdots,m).$$
称这些子图为 G 的连通分支,其个数 m 记为 $\omega(G)$.

易知,若 G 是连通图,则 $\omega(G)=1$;若 G 为非连通图,则 $\omega(G)\geqslant 2$.

下面讨论无向图的连通程度.

定义 8.13   设无向图 $G=\langle V,E\rangle$. 若存在 $V_1\subset V$,且 $V_1\neq\varnothing$,使得
$$\omega(G-V_1)>\omega(G)$$
(这里 $G-V_1$ 表示 G 中删去 V_1 后构成的图),而对于任意 $V_2\subset V_1$,有
$$\omega(G-V_2)=\omega(G),$$
则称 V_1 是 G 的点割集.若为单点集,即 $V_1=\{u\}$,则称 u 为割点.

定义 8.14   设无向图 $G=\langle V,E\rangle$. 若存在 $E_1\subseteq E$,且 $E_1\neq\varnothing$,使得
$$\omega(G-E_1)>\omega(G),$$
而对于任意 $E_2\subset E_1$,有
$$\omega(G-E_2)=\omega(G),$$
则称 E_1 是 G 的边割集,简称割集.若 E_1 为单边集,即 $E_1=\{e\}$,则称 e 为割边或桥.

例 8.5 在图 8-9 给出的无向图 G 中, u, v 皆为割点, 边 uv 为桥.

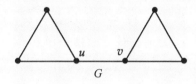

图 8-9

定义 8.15 设 G 为无向连通图, 且为非完全图, 则称

$$k(G) = \min\{|V_1| \,|\, V_1 \text{ 为 } G \text{ 的点割集}\}$$

为 G 的点连通度.

规定: 无向完全图 K_n 的点连通度为 $n-1$, 非连通图的点连通度为 0. 若 $k(G) = k$, 则称 G 是 k-连通图.

若 G 是 k-连通图 $(k \geqslant 1)$, 则在 G 中删除任何 $k-1$ 个顶点后, 所得的图一定还是连通的.

设 G_1, G_2 都是 n 阶无向简单图. 若 $k(G_1) > k(G_2)$, 则称 G_1 比 G_2 的点连通程度高.

定义 8.16 设 G 是无向连通图, 称

$$\lambda(G) = \min\{|E_1| \,|\, E_1 \text{ 是 } G \text{ 的边割集}\}$$

为 G 的边连通度. 规定: 非连通图的边连通度为 0. 若 $\lambda(G) = r$, 则称 G 是 r-边连通图.

若 G 是 r-边连通图, 则在 G 中任意删除 $r-1$ 条边后, 所得的图依然是连通的.

设 G_1, G_2 都是 n 阶无向简单图. 若 $\lambda(G_1) > \lambda(G_2)$, 则称 G_1 比 G_2 的边连通程度高.

定理 8.6 对于任何无向图 G, 都有

$$k(G) \leqslant \lambda(G) \leqslant \delta(G).$$

定理 8.6 的证明略.

定理 8.7 无向连通图 G 中的顶点 u 是割点的充要条件是, G 中存在两个顶点 v, w, 使得 v, w 之间的每条路径都通过 u.

证明 必要性 若 u 是 G 的一个割点, 删去 u 后得到的子图 G' 必至少包含两个连通分支, 分别记为 $G(V_1), G(V_2)$. 任取 $v \in V_1$, $w \in V_2$. 由于 G 是连通的, 故在 G 中必存在连接 v 和 w 的路径. 设 C 为 v, w 之间的任一路径. 因为 v 和 w 在 G' 中属于两个不同的连通分支,

所以在 G' 中 v 和 w 不连通.因此,C 必须通过 u,即 v 和 w 之间的任一路径都通过 u.

充分性   若 G 中某两个顶点 v,w 之间的每条路径都通过 u,删去 u 得到子图 G',则在 G' 中这两个顶点不连通.故 u 是 G 的割点.

无向图连通的连通性,反映出图中任意两个顶点可达,此可达性关系为顶点集上的等价关系.对于有向图,顶点之间的可达性满足自反性、传递性,一般不满足对称性.

定义 8.17   设 $D=\langle V,E\rangle$ 为一个有向图.对于任意 $v_i,v_j\in V$,$v_i\neq v_j$,若从 v_i 到 v_j 存在路径,则称 v_i 可达 v_j,记作 $v_i\rightarrow v_j$.若 $v_i\rightarrow v_j$ 且 $v_j\rightarrow v_i$,则称 v_i 与 v_j 是相互可达的,记作 $v_i\leftrightarrow v_j$.

规定:$v_i\rightarrow v_i,v_i\leftrightarrow v_i$.

显然,$\rightarrow$ 与 $\leftrightarrow$ 都是 V 上的二元关系,但只有 $\leftrightarrow$ 为 V 上的等价关系.

定义 8.18   设 $D=\langle V,E\rangle$ 为有向图.若 D 的底图是连通的,则称 D 是弱连通图.对于任意 $v_i,v_j\in V$,若 $v_i\rightarrow v_j$ 与 $v_j\rightarrow v_i$ 至少成立一个,则称 D 是单向连通图;若 $v_i\leftrightarrow v_j$,则称 D 是强连通图.

例 8.6   在图 8-10 中,(a)为强连通图,(b)为单向连通图,(c)为弱连通图.

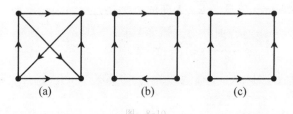

(a)   (b)   (c)

图 8-10

设 D' 是有向图 D 的子图.若 D' 是强连通(或单向连通、弱连通)的,且 D 没有包含 D' 的强连通(或单向连通、弱连通)子图 D'',则称 D' 是 D 的极大强连通子图(或极大单向连通子图、极大弱连通子图),又称它为强分图(或单向分图、弱分图).

定理 8.8   在有向图 $D=\langle V,E\rangle$ 中,V 的每个顶点都在且只在一个强分图或弱分图中.

证明   "顶点在同一强分图或弱分图中"是等价关系,它把顶点分成等价类,各等价类是顶点集 V 的一个划分.每个等价类的顶点导出一个强分图或弱分图.

定理 8.9   在有向图 $D=\langle V,E\rangle$ 中,V 的每个顶点都处在一个

或一个以上的单向分图中.

事实上,"顶点在同一单向分图中"是一个相容关系,它把顶点分成最大相容类,每个最大相容类的顶点导出一个极大单向连通子图,因此定理 8.9 成立.关于相容关系的内容,请参看相关的文献.

 习题 8.2

1. 证明:在无向图 G 中,若从顶点 u 到顶点 v 有一条长度为偶数的通路,且从顶点 u 到顶点 v 还有一条长度为奇数的通路,则在 G 中必有一条长度为奇数的回路.

2. 证明:若无向图 G 中恰有两个度数为奇数的顶点,则这两个顶点之间必然连通.

3. 证明:若无向图 G 是不连通的,则 G 的补图 $\bar{G}$ 是连通的.

4. 设 G 是含有 m 条边的 n 阶无向连通图,证明:$m \geqslant n-1$.

5. 在图 8-11 给出的图 G 中,求:

(a) 从顶点 a 到顶点 f 的所有通路;

(b) 顶点 a 到顶点 f 的距离(两个顶点 u, v 之间的距离 $d(u, v)$,是指这两个顶点之间路径的最短长度).

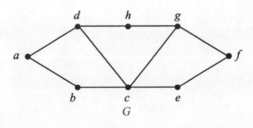

图 8-11

6. 证明:有向图 D 的每条边都包含于一个弱分图中,且只包含于一个弱分图中.

7. 设无向连通图 $G=\langle V, E\rangle$ 中无回路,证明:G 中每条边都是割边.

§8.3 图的矩阵表示

用矩阵表示图,便于用代数方法研究图的性质,也便于用计算机处理图.矩阵是研究图性质的最有效的工具之一.我们可以利用矩阵运算求出图的路径、回路等,进而解决有关图的问题.在用矩阵表示图之前,必须将图的顶点或边标定顺序,使其成为标定图.

定义 8.19 设有向图 $D=\langle V, E\rangle$,其中

$$V = \{v_1, v_2, \cdots, v_n\}, \quad E = \{e_1, e_2, \cdots, e_m\}.$$

定义 n 阶矩阵 $\boldsymbol{A}(D) = (a_{ij})$，其中

$$a_{ij} = \begin{cases} 1, & \langle v_i, v_j \rangle \in E, \\ 0, & \langle v_i, v_j \rangle \notin E \end{cases} \quad (i, j = 1, 2, \cdots, n).$$

称 $\boldsymbol{A}(D)$ 是 D 的邻接矩阵.

若 $G = \langle V, E \rangle$ 是简单无向图，只需将定义 8.19 中的有向边 $\langle v_i, v_j \rangle$ 换成无向边 (v_i, v_j)，即可得到 G 的邻接矩阵 $\boldsymbol{A}(G)$ 的定义.

例 8.7　对于图 8-12 给出的图 G, D，有

$$\boldsymbol{A}(G) = \begin{pmatrix} 0 & 1 & 0 & 1 \\ 1 & 0 & 1 & 0 \\ 0 & 1 & 0 & 1 \\ 1 & 0 & 1 & 0 \end{pmatrix}, \quad \boldsymbol{A}(D) = \begin{pmatrix} 0 & 0 & 0 & 1 \\ 1 & 0 & 1 & 0 \\ 0 & 0 & 0 & 1 \\ 0 & 0 & 0 & 0 \end{pmatrix}.$$

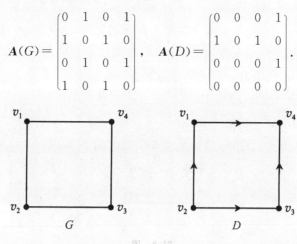

图　8-12

易知，无向图的邻接矩阵是对称的，有向图的邻接矩阵一般不是对称的.

图的邻接矩阵与顶点的标定次序有关，当标定次序固定时，邻接矩阵是唯一的，否则可以通过行或列对调而得到相应的邻接矩阵. 称这些邻接矩阵为**置换等价**的.

图的邻接矩阵直接刻画了图中顶点之间的邻接关系，通过邻接矩阵的某些运算可以得到许多性质.

n 阶有向图 D 的邻接矩阵 $\boldsymbol{A}(D) = (a_{ij})$ 具有以下**性质**：

(a) $\displaystyle\sum_{j=1}^{n} a_{ij} = d^+(v_i) \quad (i = 1, 2, \cdots, n)$,

$\displaystyle\sum_{i=1}^{n} \sum_{j=1}^{n} a_{ij} = \sum_{i=1}^{n} d^+(v_i)$;

$\displaystyle\sum_{i=1}^{n} a_{ij} = d^-(v_j) \quad (j = 1, 2, \cdots, n)$,

$$\sum_{j=1}^{n} \sum_{i=1}^{n} a_{ij} = \sum_{j=1}^{n} d^-(v_j).$$

(b) $\boldsymbol{A}(D)$ 的所有元素之和等于 D 中长度为 1 的通路条数, 而 $\sum_{i=1}^{n} a_{ii}$ 等于 D 中长度为 1 的回路条数.

下面讨论如何利用 $\boldsymbol{A}(G)$ 计算图 G 中长度为 l 的路径条数和回路条数, 进而确定任意两个顶点之间的最短路径.

定理 8.10 设 $\boldsymbol{A}(G)$ 是图 $G = (V, E)$ 的邻接矩阵, 其中 $V = \{v_1, v_2, \cdots, v_n\}$, 则 $(\boldsymbol{A}(G))^l (l \geqslant 2)$ 的第 i 行第 j 列元素 $a_{ij}^{(l)}$ 等于 G 中从顶点 v_i 到顶点 v_j 的长度为 l 的路径条数.

证明 对 l 用数学归纳法.

当 $l = 2$ 时, 从顶点 v_i 到顶点 v_j 的长度为 2 的路径条数等于

$$\sum_{k=1}^{n} a_{ik} a_{kj},$$

它为 $(\boldsymbol{A}(G))^2$ 的第 i 行第 j 列元素. 故 $(a_{ij}^{(2)}) = (\boldsymbol{A}(G))^2$ 的第 i 行第 j 列元素 $a_{ij}^{(2)}$ 等于 G 中连接 v_i 与 v_j 的长度为 2 的路径条数, 即 $l = 2$ 时结论成立.

假设结论对 l 成立. 由于

$$(\boldsymbol{A}(G))^{l+1} = \boldsymbol{A}(G)(\boldsymbol{A}(G))^l,$$

因此

$$a_{ij}^{(l+1)} = \sum_{k=1}^{n} a_{ik} a_{kj}^{(l)}.$$

根据邻接矩阵的定义, a_{ik} 是连接 v_i 与 v_k 的长度为 1 的路径条数, $a_{kj}^{(l)}$ 是连接 v_k 与 v_j 的长度为 l 的路径条数, 故上式右边每一项表示由 v_i 经过一条边到 v_k, 再由 v_k 经过一条长度为 l 的路径到 v_j 的总长度为 $l+1$ 的路径条数. 对所有的 k 求和, 即得到 $a_{ij}^{(l+1)}$ 是所有从 v_i 到 v_j 的长度为 $l+1$ 的路径条数. 故结论对 $l+1$ 成立.

综上所述, 由数学归纳法可知结论成立.

由定理 8.10 知, $(\boldsymbol{A}(G))^l$ 的第 i 行第 i 列元素 $a_{ii}^{(l)}$ 表示从 v_i 到 v_i 的长度为 l 的回路条数.

根据定理 8.10, 在判断图 G 中从顶点 v_i 到顶点 v_j 是否存在路径, 且计算这两个顶点之间的距离时, 可以利用图的邻接矩阵 $\boldsymbol{A}(G)$, 计算 $(\boldsymbol{A}(G))^2, \cdots, (\boldsymbol{A}(G))^n$, 当首次出现某个 $(\boldsymbol{A}(G))^l$ 中的 $a_{ij}^{(l)} \geqslant 1$, 就表明从 v_i 到 v_j 可达, 且最短距离为 l, 即使得 $a_{ij}^{(l)} \neq 0$ 的最小正整数 l 为从 v_i 到 v_j 的最短路径的长度.

在实际问题中，有时只关心从顶点 v_i 到顶点 v_j 是否可达，而不关心其路径的条数. 由此引出可达性矩阵的概念.

定义 8.20   设图 $G=\langle V,E\rangle$，其中 $V=\{v_1,v_2,\cdots,v_n\}$. 令

$$p_{ij}=\begin{cases}1, & v_i \text{ 可达 } v_j, \\ 0, & \text{否则}\end{cases}\quad (i,j=1,2,\cdots,n),$$

称 (p_{ij}) 为 G 的**可达性矩阵**，记作 $\boldsymbol{P}(G)$.

一般地，可以由图 G 的邻接矩阵 $\boldsymbol{A}(G)$ 得到可达性矩阵 $\boldsymbol{P}(G)$，具体做法是：先计算

$$\boldsymbol{B}_n = \sum_{i=1}^{n}(\boldsymbol{A}(G))^i;$$

再将 $\boldsymbol{B}_n$ 中不为 0 的元素均替换为 1，而元素 0 不变，即可得到可达性矩阵 $\boldsymbol{P}(G)$.

上述计算可达性矩阵的方法还是比较复杂的. 因为可达性矩阵是一个元素为 0 或 1 的布尔矩阵，而我们对两个顶点之间路径的条数不感兴趣，所关心的是两个顶点之间是否有路径存在，所以可以将 $(\boldsymbol{A}(G))^2,\cdots,(\boldsymbol{A}(G))^n$ 分别改为布尔矩阵 $(\boldsymbol{A}(G))^{(2)},\cdots,(\boldsymbol{A}(G))^{(n)}$，从而 $\boldsymbol{P}(G)=(\boldsymbol{A}(G))^{(1)}\vee(\boldsymbol{A}(G))^{(2)}\vee\cdots\vee(\boldsymbol{A}(G))^{(n)}$，其中 $(\boldsymbol{A}(G))^{(i)}$ $(i=1,2,\cdots,n)$ 表示在布尔运算意义下 $\boldsymbol{A}(G)$ 的 i 次幂，$\vee$ 为矩阵的布尔和.

例 8.8   设由程序组成的集合 $B=\{p_1,p_2,\cdots,p_5\}$，R 为程序调用关系，它可以用图 8-13 所示的有向图表示，试求此有向图的可达性矩阵.

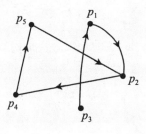

图 8-13

解   设图 8-13 中的有向图为 D. 由于

$$\boldsymbol{A}(D)=\begin{pmatrix}0 & 1 & 0 & 0 & 0 \\ 0 & 0 & 0 & 1 & 0 \\ 1 & 0 & 0 & 0 & 0 \\ 0 & 0 & 0 & 0 & 1 \\ 0 & 1 & 0 & 0 & 0\end{pmatrix},$$

因此

$$\boldsymbol{P}(D)=(\boldsymbol{A}(D))^{(1)}\bigvee(\boldsymbol{A}(D))^{(2)}\bigvee\cdots\bigvee(\boldsymbol{A}(D))^{(5)}=\begin{pmatrix}0&1&0&1&1\\0&1&0&1&1\\0&1&0&1&1\\0&1&0&1&1\\0&1&0&1&1\end{pmatrix}.$$

利用可达性矩阵可以判别图的连通性:

(a) 无向图 G 连通 $\Leftrightarrow$ 可达性矩阵 $\boldsymbol{P}(G)$ 中主对角线以外的元素全为 1;

(b) 有向图 D 强连通 $\Leftrightarrow$ 可达性矩阵 $\boldsymbol{P}(D)$ 中主对角线以外的元素全为 1;

(c) 有向图 D 单向连通 $\Leftrightarrow \boldsymbol{P}'=\boldsymbol{P}(D)\bigvee(\boldsymbol{P}(D))^{\mathrm{T}}$ 中主对角线以外的元素全为 1,其中 $\boldsymbol{P}(D)$ 为 D 的可达性矩阵;

(d) 有向图 D 弱连通 $\Leftrightarrow$ 以 $\boldsymbol{A}'=\boldsymbol{A}(D)\bigvee(\boldsymbol{A}(D))^{\mathrm{T}}$ 为邻接矩阵的有向图的可达性矩阵中主对角线以外的元素全为 1,其中 $\boldsymbol{A}(D)$ 为 D 的邻接矩阵.

例 8.9 对于图 8-14 所示的有向图 D,其可达性矩阵为

$$\boldsymbol{P}(D)=\begin{pmatrix}0&1&1\\0&0&0\\0&0&0\end{pmatrix},$$

从而有

$$(\boldsymbol{P}(D))^{\mathrm{T}}=\begin{pmatrix}0&0&0\\1&0&0\\1&0&0\end{pmatrix},$$

$$\boldsymbol{P}'=\boldsymbol{P}(D)\bigvee(\boldsymbol{P}(D))^{\mathrm{T}}=\begin{pmatrix}0&1&1\\1&0&0\\1&0&0\end{pmatrix},$$

故此有向图既非强连通又非单向连通.

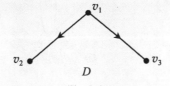

图　8-14

D 的邻接矩阵为

$$\boldsymbol{A}(D) = \begin{pmatrix} 0 & 1 & 1 \\ 0 & 0 & 0 \\ 0 & 0 & 0 \end{pmatrix},$$

于是

$$(\boldsymbol{A}(D))^{\mathrm{T}} = \begin{pmatrix} 0 & 0 & 0 \\ 1 & 0 & 0 \\ 1 & 0 & 0 \end{pmatrix}, \quad \boldsymbol{A}' = \boldsymbol{A}(D) \bigvee (\boldsymbol{A}(D))^{\mathrm{T}} = \begin{pmatrix} 0 & 1 & 1 \\ 1 & 0 & 0 \\ 1 & 0 & 0 \end{pmatrix}.$$

易求得以 $\boldsymbol{A}'$ 为邻接矩阵的有向图的可达性矩阵为

$$\begin{pmatrix} 1 & 1 & 1 \\ 1 & 1 & 1 \\ 1 & 1 & 1 \end{pmatrix},$$

故 D 为弱连通的.

除了可以用邻接矩阵来表示图外,还可以用完全关联矩阵来表示图.

定义 8.21 设 $G = \langle V, E \rangle$ 为无向图,其中 $V = \{v_1, v_2, \cdots, v_n\}$, $E = \{e_1, e_2, \cdots, e_m\}$. 令

$$m_{ij} = \begin{cases} 1, & v_i \text{ 关联 } e_j, \\ 0, & v_i \text{ 不关联 } e_j \end{cases} \quad (i = 1, 2, \cdots, n; j = 1, 2, \cdots, m),$$

称 $\boldsymbol{M}(G) = (m_{ij})$ 为图 G 的完全关联矩阵.

例 8.10 设图 G 如图 8-15 所示,则 G 的完全关联矩阵为

$$\boldsymbol{M}(G) = \begin{pmatrix} 1 & 0 & 0 & 0 & 1 & 1 \\ 1 & 1 & 1 & 0 & 0 & 0 \\ 0 & 1 & 1 & 1 & 1 & 0 \\ 0 & 0 & 0 & 1 & 0 & 1 \end{pmatrix}.$$

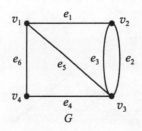

图 8-15

无向图 G 的完全关联矩阵 $M(G)$ 具有如下性质：

（a）若 G 为简单图，则 $M(G)$ 中的每一列中只有两个 1．

（b）$M(G)$ 中每一行元素之和等于对应顶点的度数．

（c）若 $M(G)$ 中某一行的元素全为 0，则这一行对应的顶点为孤立点；G 中两条平行边所对应的两列相同．

同样，有向图亦可用反映顶点和边之间的关联关系的完全关联矩阵来表示．

给定简单有向图 $D=\langle V,E\rangle$，其中

$$V=\{v_1,v_2,\cdots,v_n\}, \quad E=\{e_1,e_2,\cdots,e_m\},$$

则定义 D 的完全关联矩阵为 $M(D)=(m_{ij})$，其中

$$m_{ij}=\begin{cases} 1, & v_i \text{ 是 } e_j \text{ 的起点,} \\ -1, & v_i \text{ 是 } e_j \text{ 的终点,} \quad (i=1,2,\cdots,n;j=1,2,\cdots,m). \\ 0, & v_i \text{ 与 } e_j \text{ 不关联} \end{cases}$$

有向图的完全关联矩阵也有类似于无向图的完全关联矩阵的一些性质，读者可尝试予以归纳．

 习题 8.3

1. 求图 8-16 中有向图 D 的邻接矩阵 $A(D)$，找出从顶点 v_1 到顶点 v_3，长度分别为 2 和 4 的路径条数，并通过计算 $(A(D))^2$，$(A(D))^4$ 来验证结论．

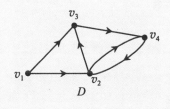

图 8-16

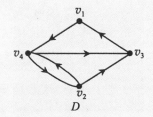

图 8-17

2. 给出图 8-17 中有向图 D 的邻接矩阵 $A(D)$ 及可达性矩阵 $P(D)$．

3. 给定一个 n 阶有向简单图 $D=\langle V,E\rangle$，可以把 D 的距离矩阵定义为

$$D(D)=(d_{ij}),$$

其中

$$d_{ij}=\begin{cases} \infty, & i\neq j,\text{且从 } v_i \text{ 到 } v_j \text{ 不可达}, \\ 0, & i=j, \\ k, & i\neq j,k \text{ 是使 } a_{ij}^{(k)}\neq 0 \text{ 的最小正整数} \end{cases} \quad (i,j=1,2,\cdots,n).$$

(a) 求图 8-18 中有向图 D_1 的距离矩阵 $\boldsymbol{D}(D_1)$.

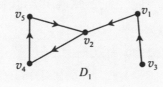

图 8-18

(b) 如何从有向图 D 的距离矩阵 $\boldsymbol{D}(D)$ 求它的可达性矩阵 $\boldsymbol{P}(D)$?

(c) 说明若有向图 D 的距离矩阵 $\boldsymbol{D}(D)$ 中主对角线以外的元素都不是 0 或 ∞,那么 D 是强连通的.

4. (a) 设 u,v 为 n 阶无向完全图 K_n 中的任意两个顶点,求 $d(u,v)$.

(b) 设 v,v 为 n 阶有向完全图中的任意两个顶点,求 $d(u,v)$.

(c) n 阶竞赛图中任意两个顶点之间的距离必为常数吗? 为什么?

§8.4 欧拉图与哈密顿图

1736 年,瑞士数学家欧拉(Euler)发表了图论的第一篇论文"哥尼斯堡七桥问题",解决了历史上著名的游戏问题. 可以将此游戏问题抽象为:在图 G 中从某一顶点出发找一条通路,使得它经过 G 的每条边一次且仅一次,并回到原顶点.

定义 8.22   经过图(无向图或有向图)中所有边一次且仅一次,并历遍图中所有顶点的路径,称为欧拉路径;经过图中所有边一次且仅一次,并历遍所有顶点的回路,称为欧拉回路. 含有欧拉回路的图,称为欧拉图;含有欧拉路径,但不含有欧拉回路的图,称为半欧拉图.

定理 8.11   无向图 G 是欧拉图当且仅当 G 是连通的,且 G 中没有奇度数顶点.

证明   必要性   设 $G=\langle V,E\rangle$,它具有欧拉回路 C,则对于任意 $u,v\in V,u,v$ 都在 C 上,因而 u 与 v 连通. 所以,G 为连通图. 对于任意

$u \in V$, u 在 C 上每出现一次,其度数就增加 2. 若出现 k 次,则 $d(u) = 2k$. 所以,G 中没有奇度数顶点.

充分性 设 G 连通,且 G 中没有奇数顶点. 我们可以按如下步骤构造一条欧拉回路:

① 在 V 中任取一个顶点 u,从 u 出发沿其关联边 e_1 "进入"某一顶点 v_1. 由于 $d(v_1)$ 也为正偶数,则必可由 v_1 再沿其关联边 e_2 "进入"某一顶点 v_2. 如此进行下去,每条边仅取一次. 由于 G 是连通的,故必可达到出发点 u,得到一条回路 C_1.

② 若 C_1 经过 G 的所有边,则 C_1 就是欧拉回路.

③ 若 C_1 没有经过 G 的所有边,在 G 中去掉 C_1 后得到子图 G',则 G' 中每个顶点的度数为偶数. 因为 G 是连通的,所以 C_1 与 G' 至少有一个顶点重合,不妨设为 u_i. 在 G' 中由重合的顶点 u_i 出发重复第①步,得到回路 C_2.

④ 将 C_1 和 C_2 组合在一起,如果它经过 G 的所有边,则它即为欧拉回路;否则,重复第③步可得到回路 C_3. 以此类推,可得到一条经过 G 中所有边的欧拉回路.

因此,G 是欧拉图.

进一步,可以证明下面的定理 8.12 和定理 8.13.

定理 8.12 无向图 G 是半欧拉图当且仅当 G 是连通的,且 G 中恰有两个奇数度顶点.

定理 8.13 有向图 D 是欧拉图当且仅当 D 是强连通的,且 D 中每个顶点的出度等于入度;有向图 D 是半欧拉图当且仅当 D 是单向连通的,且 D 中恰有两个奇数度顶点,其中一个的入度比出度大 1,另一个的出度比入度大 1,而其余顶点的出度都等于入度.

定理 8.13 可以看作无向图情形(定理 8.11 和定理 8.12)的推广,因为对有向图的任一顶点来说,若入度与出度相等,则该顶点的度数为偶数;若入度与出度之差为 1,则该顶点的度数为奇数.

与哥尼斯堡七桥问题类似的问题是图可一笔画成的判别问题. 所谓可一笔画成,是指在画图时,可以笔不离开纸,沿着图的所有边,一笔画成. 图可否一笔画成的判别问题,实质上就是判断图中是否存在欧拉路径或欧拉回路的问题.

例 8.11　图 8-19 中的图 G_1 和 G_2 皆可一笔画成.

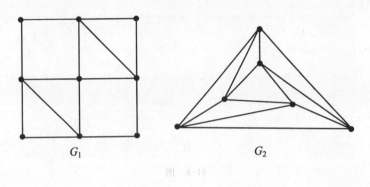

图　8-19

例 8.12　在图 8-20 中,(a)为欧拉图,可一笔画成;(b)为非连通图,既不是欧拉图,也不是半欧拉图,不可一笔画成;(c)是欧拉图,可一笔画成.

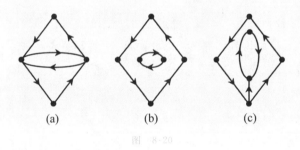

图　8-20

作为有向图中欧拉路径的应用,我们讨论计算机中旋转鼓轮的设计问题.

设有旋转鼓轮,其表面被分成 $2^3 = 8$ 部分,其中每部分分别由绝缘体或导体组成,绝缘体部分给出信号 0,导体部分给出信号 1.在图 8-21 中,阴影部分表示导体,空白部分表示绝缘体.根据旋转鼓轮的位置,触点 a,b,c 将得到信息 111.如果旋转鼓轮沿顺时针方向旋转一部分,触点 a,b,c 将有信息 110.问:旋转鼓轮上 8 部分怎样安排导体及绝缘体,才能使旋转鼓轮每旋转一部分,其触点能得到一组不同的三位二进制数信息?

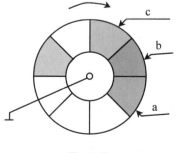

图　8-21

旋转鼓轮的原理是：每旋转一部分，信号 $\alpha_1\alpha_2\alpha_3$ 就变成 $\alpha_2\alpha_3\alpha_4$，前者右边的两位数字决定了后者左边的两位数字.因此，我们可以把所有两位二进制数作为顶点，从顶点 $\alpha_1\alpha_2$ 到顶点 $\alpha_2\alpha_3$ 引一条有向边表示 $\alpha_1\alpha_2\alpha_3$ 这个三位二进制数，这样作出表示所有可能的码变换的有向图，如图 8-22 所示.于是，问题转化为在这个有向图中求一条欧拉回路.而这个有向图中 4 个顶点的出度和入度为 2.根据定理 8.13，欧拉回路存在，比如 $e_0e_1e_2e_5e_3e_7e_6e_4$ 就是一条欧拉回路.

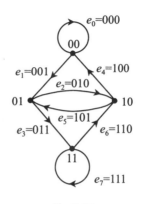

图 8-22

类似地，我们可以证明：存在一个由 2^n 个 n 位二进制数组成的环形序列，其中这 2^n 个由 n 位二进制数组成的子序列全不相同.事实上，我们只要构造含有 2^{n-1} 个顶点的有向图即可.设每个顶点标记为 $n-1$ 位二进制数，从顶点 $\alpha_1\alpha_2\cdots\alpha_{n-1}$ 出发，有一条终点为 $\alpha_2\alpha_3\cdots\alpha_{n-1}0$ 的边，记该边为 $\alpha_1\alpha_2\cdots\alpha_{n-1}0$；还有一条终点为 $\alpha_2\alpha_3\cdots\alpha_{n-1}1$ 的边，记该边为 $\alpha_1\alpha_2\cdots\alpha_{n-1}1$.这样构造的有向图，其每个顶点的出度和入度都是 2，故必是欧拉图.由于邻接边的标记是第一条边的后 $n-1$ 位二进制数与第二条边的前 $n-1$ 位二进制数相同，因此有一个由 2^n 个二进制数组成的环形序列，其中这 2^n 个由 n 位二进制数组成的子序列全不相同.所以，对应地可以设计一个表面分为 2^n 部分的旋转鼓轮，使得每旋转一部分，其触点能得到一组不同的 n 位二进制数信息.

与欧拉回路非常类似的问题是哈密顿(Hamilton)回路.

定义 8.23 经过图(有向图或无向图)中所有顶点一次且仅一次的路径，称为哈密顿路径；经过图中所有顶点一次且仅一次的回路，称为哈密顿回路.含有哈密顿回路的图，称为哈密顿图；含有哈密顿路径，但不含有哈密顿回路的图，称为半哈密顿图.

例 8.13 在图 8-23 中，(a)是哈密顿图，(b)是半哈密顿图，(c)既不是哈密顿图，也不是半哈密顿图.

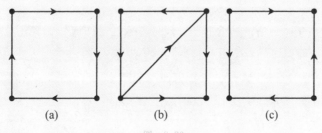

(a)   (b)   (c)

图 8-23

定理 8.14   设无向图 $G=\langle V,E\rangle$ 是哈密顿图,则对于任意 $V_1 \subset V$,且 $V_1 \neq \varnothing$,有

$$\omega(G-V_1) \leqslant |V_1|.$$

证明   设 C 为 G 中任一哈密顿回路.易知,当 V_1 中的顶点在 C 上均不相邻时,$\omega(C-V_1)$ 达到最大值 $|V_1|$,而当 V_1 中的顶点在 C 上有相邻的情况时,有 $\omega(C-V_1) < |V_1|$,所以

$$\omega(C-V_1) \leqslant |V_1|.$$

而 C 是 G 的生成子图,所以

$$\omega(G-V_1) \leqslant \omega(C-V_1) \leqslant |V_1|.$$

定理 8.14 的结论是哈密顿图的必要条件,若一个图不满足定理 8.14 中的结论,它一定不是哈密顿图.

下面的定理给出了一个图存在哈密顿路径的充分条件,由它可得到一个图是哈密顿图的充分条件.

定理 8.15   设 G 是 n 阶无向简单图.若对于 G 中任意不相邻的顶点 v_i,v_j,有

$$d(v_i)+d(v_j) \geqslant n-1,$$

则 G 中存在哈密顿路径.

证明   首先,证明 G 是连通图.否则,G 至少有两个连通分支.设 $G(V_1),G(V_2)$ 是 G 的阶数分别为 n_1,n_2 的两个连通分支,并设 $v_1 \in V_1$,$v_2 \in V_2$.因为 G 是简单图,所以

$$d(v_1)+d(v_2)=d_{G_1}(v_1)+d_{G_2}(v_2) \leqslant n_1-1+n_2-1 \leqslant n-2,$$

其中 $d_{G_i}(i=1,2)$ 表示在连通分支 $G(V_i)$ 中的度数.这与已知条件矛盾,所以 G 必是连通图.

其次,证明 G 中有一条哈密顿路径.设 G 中有一条由 $p-1$ 条边组成的路径 C:$v_1 v_2 \cdots v_p (p < n)$.以下分两种情况进行讨论:

(a) v_1 或 v_p 与不在路径 C 上的某个顶点相邻,这时可以延伸路径 C,使其包含该顶点,得到一条含有 p 条边的路径.

(b) v_1 和 v_p 只与路径 C 上的顶点相邻.下面证明,在这种情况下存在一条恰包含顶点 $v_1,v_2,\cdots,v_p$ 的回路.如果 v_1 与 v_p 相邻,则存在回路 $v_1 v_2 \cdots v_p v_1$.于是,我们假设 v_1 仅与 $v_{i_1},v_{i_2},\cdots,v_{i_k}$ 相邻($2 \leqslant i_j \leqslant p-1, j=1,2,\cdots,k$).若 v_p 与 $v_{i_1-1},v_{i_2-1},\cdots,v_{i_k-1}$ 之一相邻,比如 v_{i_j-1},如图 8-24(a) 所示,则存在回路 $v_1 v_2 \cdots v_{i_j-1} v_p v_{p-1} \cdots v_{i_j} v_1$.若不然,则 v_p 至多与 $p-k-1$ 个顶点相邻,因而 v_1 和 v_p 的度数之和至多为 $n-2$.这与题设矛盾.

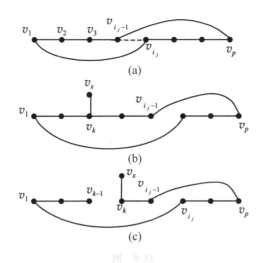

图 8-24

现在我们已有包含顶点 $v_1, v_2, \cdots, v_p$ 的一条回路. 由于 G 是连通的, 在该回路外必至少存在一个顶点 v_x, 使得 v_x 与回路中上某个顶点 v_k 之间有一条边, 如图 8-24(b) 所示. 于是, 我们得到一条包含 p 条边的路径 $v_x v_k \cdots v_{i_j-1} v_p v_{p-1} \cdots v_{i_j} v_1 v_2 \cdots v_{k-1}$, 如图 8-24(c) 所示.

重复上述构造方法, 直到我们得到一条含有 $n-1$ 条边的路径, 从而得到一条哈密顿路径.

易知, 定理 8.15 的条件是充分但非必要的. 例如, 设 G 是一个 $n (n > 5)$ 边形, 则其任何两个顶点的度数之和是 4, 但在 G 中有一条哈密顿回路.

推论 1 设 G 为 $n (n \geqslant 3)$ 阶无向简单图. 若对于 G 中任意两个不相邻的顶点 v_i, v_j, 有

$$d(v_i) + d(v_j) \geqslant n,$$

则 G 中存在哈密顿回路, 从而 G 为哈密顿图.

利用定理 8.14 和定理 8.15 来判别一个无向图是否为哈密顿图, 一般运算量较大. 下面我们用具体的例子来介绍一个实用的判别法——标记法.

例 8.14 图 8-25 给出的图 G_1 和 G_2 是否为哈密顿图?

解 图 G_1 不存在哈密顿路径. 用标记法说明: 用 A 标记顶点 a, 所有与它相邻的顶点标记为 B. 继续用 A 标记所有与 B 相邻的顶点, 用 B 标记所有与 A 相邻的顶点, 直到所有顶点标记完为止. 显然, 如果最后标号 A 与 B 的个数相同, 则存在哈密顿路径; 否则, 不

存在哈密顿路径. 对于这里的 G_1, 最后发现图中有 3 个顶点标记为 A 和 5 个顶点标记为 B, 标号 A 和 B 相差 2 个, 因此不可能存在哈密顿路径, 从而 G_1 不是哈密顿图.

由图 G_2 中所给的编号可以看出, G_2 中存在哈密顿回路, 故 G_2 为哈密顿图. 当然, 也可以用标记法断定 G_2 为哈密顿图.

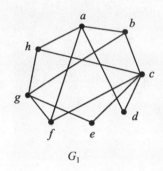 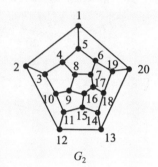

图　8-25

现在介绍在图中找哈密顿回路的自然推广——巡回售货员问题:

一个售货员希望去访问 n 个城市 $v_1, v_2, \cdots, v_n$, 开始且结束于城市 v_i. 设每两个城市之间有一条路, 记城市 v_i 到城市 v_j 的距离为 $w(v_i, v_j)(i, j = 1, 2, \cdots, n)$. 问题是: 设计一个算法, 以找出该售货员能选取的最短路径.

这个问题用图论术语叙述就是: 设 $K_n = \langle V, E, w \rangle$ 是 n 阶无向完全赋权图, 这里 w 是从 $V \times V$ 到正实数集 $\mathbb{R}^+$ 的一个函数, 且对于 $V = \{v_1, v_2, \cdots, v_n\}$ 中任意的顶点 v_i, v_j, v_k, 满足

$$w(v_i, v_j) + w(v_j, v_k) \geqslant w(v_i, v_k).$$

试求出 K_n 中的最短哈密顿回路.

例 8.15 图 8-26 给出的是 4 阶无向完全赋权图 K_4, 易得路径 $abcda$ 是 K_4 的最短哈密顿回路.

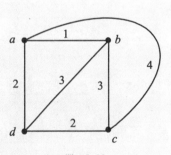

图　8-26

一般地，n 阶无向完全赋权图 K_n 中共存在 $\frac{1}{2}(n-1)!$ 条不同的哈密顿回路，经过比较，可以找出其中最短的哈密顿回路，但计算量相当大.

 习题 8.4

1. 构造一个欧拉图，使其顶点数 n 和边数 m 满足下述条件：

（a）m 和 n 的奇偶性相同； （b）m 和 n 的奇偶性相反.
如果不可能构造这样的欧拉图，请说明原因.

2. 确定 n 取怎样的值，n 阶无向完全图 K_n 含有欧拉回路.

3. 证明：若有向图 D 是欧拉图，则 D 是强连通的.

4. n 阶无向完全图 K_n 都是哈密顿图吗？

5. 设 G 是无向连通图，证明：若 G 中有桥或割点，则 G 不是哈密顿图.

6. 设 G 为 n 阶无向简单图，其边数 $m \geqslant C_{n-1}^2 + 2$，证明：$G$ 为哈密顿图.

7. 设 5 阶无向完全赋权图 K_5 如图 8-27 所示，求该图中的最短哈密顿回路.

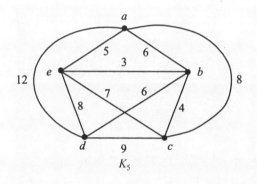

图 8-27

8. （a）画出一个含有一条欧拉回路和一条哈密顿回路的无向简单图；

（b）画出一个含有一条欧拉回路，但不含有哈密顿回路的无向简单图；

（c）画出一个不含有欧拉回路，但含有一条哈密顿回路的无向简单图；

（d）画出一个既不含有欧拉回路，也不含有哈密顿回路的无向简单图.

§8.5 二部图

今有 4 名应聘人员 x_1, x_2, x_3, x_4 和 4 个待聘工作岗位 y_1, y_2, y_3，y_4. 已知 x_1 精通 y_1, y_2, y_3 的业务，x_2 精通 y_2, y_3 的业务，x_3 只精通 y_4

的业务,x_4 精通 y_3,y_4 的业务,问:如何招聘人员,才能使每个应聘人员都能上岗,且每个待聘工作岗位都招聘到员工?

取 $V=\{x_1,x_2,x_3,x_4,y_1,y_2,y_3,y_4\}$ 为顶点集,若 x_i 精通 y_j 的业务,就在 x_i 与 $y_j(i,j=1,2,3,4)$ 之间连线,得到边集 E,构成无向图 $G=\langle V,E\rangle$,如图 8-28 所示.易见,只要将 x_1 招聘到 y_1,x_2 招聘到 y_2,x_3 招聘到 y_4,x_4 招聘到 y_3,就能满足要求.

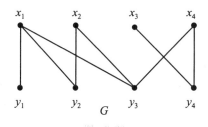

图 8-28

在图 8-28 中,$x_i(i=1,2,3,4)$ 彼此不相邻,$y_j(j=1,2,3,4)$ 彼此也不相邻.由此受到启发,引出二部图的概念.

定义 8.24　设 $G=\langle V,E\rangle$ 为无向图.若能将 V 分成 V_1 和 V_2(即 $V_1\bigcup V_2=V,V_1\bigcap V_2=\varnothing$),使得 G 中每条边的两个端点都是一个属于 V_1,另一个属于 V_2,则称 G 为二部图,记为 $\langle V_1,V_2,E\rangle$,其中 V_1 和 V_2 称为互补顶点子集.若 G 是简单二部图,且 V_1 中每个顶点均与 V_2 中所有顶点相邻,则称 G 为完全二部图,记为 $K_{r,s}$,其中 $|V_1|=r$,$|V_2|=s$.

注意　n 阶零图为二部图.

例 8.16　在图 8-29 中,(a),(b)均为完全二部图 $K_{3,3}$.

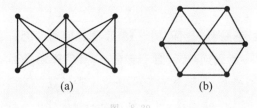

(a)　　　　　　(b)

图 8-29

一个图是否为二部图,可以由下面的定理来判别.

定理 8.16　无向图 $G=\langle V,E\rangle$ 是二部图当且仅当 G 中无奇数长度的回路.

证明　**必要性**　设 $G=\langle V,E\rangle=\langle V_1,V_2,E\rangle$.

若 G 中无回路,结论显然成立.

若 G 中有回路,设 C 是 G 中任一回路,令 C:$v_0v_1v_2\cdots v_kv_0$,不妨设 $v_0\in V_1$,则 $v_0,v_2,v_4,\cdots\in V_1,v_1,v_3,v_5,\cdots\in V_2$,$k$ 必为奇数(若不然,不存在边 (v_k,v_0)).这时 C 中共有 $k+1$ 条边,故 C 是偶数长度的回路.

充分性 设 G 是连通图,否则对 G 的每个连通分支进行证明.设 v_0 为 G 中任一顶点,令

$$V_1=\{v\mid v\in V(G),d(v_0,v)\text{为偶数}\},\quad V_2=V-V_1.$$

假设存在一条边 (v_i,v_j),$v_i,v_j\in V_2$.由于 G 是连通的,所以从 v_0 到 v_i 有一条最短路径,其长度为奇数;同理,从 v_0 到 v_j 有一条长度为奇数的最短路径.于是,由 (v_i,v_j) 及以上两条最短路径构成的回路长度为奇数,与题设矛盾.这就证明了 V_2 中任意两个顶点之间不存在边.

类似地,可以证明 V_1 中任意两个顶点之间也不存在边.

因此,G 为二部图.

定理 8.17 当 $r\neq s$ 时,完全二部图 $K_{r,s}$ 不是哈密顿图.

证明 设完全二部图 $K_{r,s}=\langle V_1,V_2,E\rangle$,$|V_1|=r$,$|V_2|=s$,且 $r<s$,则 $\omega(G-V_1)=s>|V_1|=r$.故 $K_{r,s}$ 不是哈密顿图.

给定一个二部图 G,如果其边集的子集 M 中的边无公共端点,则称 M 为二部图 G 的一个匹配.G 的含有最大边数的匹配,称为 G 的最大匹配.

习题 8.5

1. 证明:如果 G 是二部图,且它有 n 个顶点,m 条边,则 $m\leqslant\dfrac{n^2}{4}$.

2. 某单位按编制有 7 个空缺工作岗位 $p_1,p_2,\cdots,p_7$.现有 10 个工作岗位申请者 a_1,$a_2,\cdots,a_{10}$,他们的合格工作岗位集合依次是 $\{p_1,p_5,p_6\}$,$\{p_2,p_6,p_7\}$,$\{p_3,p_4\}$,$\{p_1,p_5\}$,$\{p_6,p_7\}$,$\{p_3\}$,$\{p_2,p_3\}$,$\{p_1,p_3\}$,$\{p_1\}$,$\{p_5\}$.问:如何安排他们的工作,能使无工作的人最少?

§8.6 平面图

在现实生活中,常常需要画一些图,满足边与边之间没有相交的情况,例如印刷线路板上的布线、交通道路的设计等.

定义 8.25　设 $G = \langle V, E \rangle$ 是无向图. 如果能够把 G 的所有顶点和边画在平面上, 且使得任何两条边除了端点外没有其他交点, 则称 G 是平面图.

例如, K_1, K_2, K_3, K_4 都是平面图, 但 $K_5, K_{3,3}$ 均为非平面图, 且后两者在研究平面图理论中占有重要地位.

下面两个结论是显然成立的.

定理 8.18　若图 G 是平面图, 则 G 的任何子图都是平面图.

定理 8.19　若图 G 是非平面图, 则 G 的任何母图都是非平面图.

定义 8.26　设 G 是平面图. 对于由 G 的边所包围的一个区域, 若该区域内既不包含 G 的顶点, 又不包含 G 的边, 则称该区域为 G 的一个面. 称包围这个面的诸边所构成的回路为该面的边界, 而称边界的长度为该面的次数.

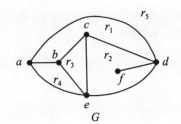

图　8-30

例 8.17　图 8-30 所给出的平面图 G 有 6 个顶点, 9 条边, 它将平面划分为 5 个面 r_1, r_2, r_3, r_4, r_5, 其中 r_1, r_2, r_3, r_4 的边界分别是回路 $abcda, cedfdc, bceb, abea$; r_5 在 G 之外, 不受边界约束, 称作无限面.

定理 8.20　平面图 G 中所有面的次数之和等于边数 m 的 2 倍.

证明　因为任何一条边, 或者是两个面的公共边, 或者在一个面中作为边界被计算 2 次, 故面的次数之和等于其边数的 2 倍.

欧拉于 1750 年发现, 任何凸多面体的顶点数 n、棱数 m 和面数 k 满足

$$n - m + k = 2.$$

后来他发现, 连通平面图的顶点数、边数和面数之间也有同样的关系.

定理 8.21 (欧拉公式)　对于任意连通平面图 G, 有

$$n - m + r = 2,$$

其中 n, m, r 分别为 G 的顶点数、边数和面数.

定理 8.21 的证明略.

例 8.18 如图 8-31 所示的平面图皆满足欧拉公式.

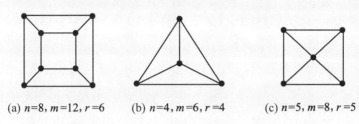

(a) $n=8, m=12, r=6$　　(b) $n=4, m=6, r=4$　　(c) $n=5, m=8, r=5$

图 8-31

定理 8.22 在含有两条或更多条边的任何简单连通平面图 G 中,下式成立:
$$m \leqslant 3n-6,$$
其中 n 为 G 的顶点数,m 为 G 的边数.

证明 设 G 的面数为 r. 当 $n=3, m=2$ 时,结论显然成立.若 $m \geqslant 3$,则每个面的次数不小于 3.由定理 8.20 知各面次数之和为 $2m$,因此 $2m \geqslant 3r$,即 $r \leqslant \dfrac{2}{3}m$.代入欧拉公式,得
$$2=n-m+r \leqslant n-m+\frac{2}{3}m,$$
故
$$m \leqslant 3n-6.$$

根据定理 8.22,可以判别 K_5 是非平面图.

定理 8.23 在每个面用四条边或更多条边围成的任何连通平面图 G 中,下式成立:
$$m \leqslant 2n-4,$$
其中 n 为 G 的顶点数,m 为 G 的边数.

证明 设 G 的面数为 r. 由于 $\dfrac{1}{2}m \geqslant r$,由欧拉公式得
$$n-m+\frac{1}{2}m \geqslant 2,$$
故
$$m \leqslant 2n-4.$$

根据定理 8.23,可以判别 $K_{3,3}$ 是非平面图.

现在还没有简便的方法可以确定某个无向图是否为平面图,一般可以用库拉托夫斯基(Kuratowski)定理进行判别.

定义 8.27 设 $e=(u, v)$ 为无向图 G 的一条边,在 G 中删除 e,增加新顶点 w,使得 u, v 均与 w 相邻,称为在 G 中插入 2 度顶点 w.设 w

为 G 中一个 2 度顶点, w 与 u,v 均相邻,删除 w,增加新边 (u,v),称为在 G 中消去 2 度顶点 w.

定义 8.28 若两个无向图 G_1 与 G_2 同构,通过反复插入或消去 2 度顶点后仍是同构的,则称 G_1 与 G_2 同胚,或称 G_1 与 G_2 是 2 度顶点内同构的.

定理 8.24 (库拉托夫斯基定理) 一个无向图是平面图当且仅当它不包含与 K_5 或 $K_{3,3}$ 同胚的子图.

定理 8.24 的证明略.

通常称 K_5 和 $K_{3,3}$ 为库拉托夫斯基图.

与平面图有密切关系的图论的一个应用是图形的着色问题.

为了叙述图形着色的有关定理,先介绍对偶图的概念.

定义 8.29 设平面图 $G=\langle V,E \rangle$,它具有面 $F_1,F_2,\cdots,F_n$. 若图 $G^*=\langle V^*,E^* \rangle$ 满足下述条件:

（a）对于 G 的任一面 F_i,其内部有且仅有一个顶点 $v_i^* \in V^*$;

（b）对于 G 的任意两个面 F_i,F_j 的公共边界 e,存在且仅存在一条边 $e^* \in E^*$,使得 $e^*=(v_i^*,v_j^*)$,且 e^* 与 e 相交;

（c）当且仅当 e 只是一个面 F_i 的边界时,顶点 v_i^* 处存在一个环 e^* 与 e 相交,

则称 G^* 为 G 的对偶图.

例 8.19 在图 8-32(a),(b)中,虚线构成的图是实线构成的图的对偶图.

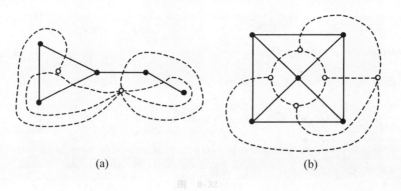

(a)　　　　　　　　　　　(b)

图 8-32

从对偶图的定义易知,如果 G^* 是图 G 的对偶图,则 G 也是 G^* 的对偶图.另外,连通平面图的对偶图也必是平面图.

对于连通平面图 G 与它的对偶图 G^*,它们的顶点数、边数和面数

具有特定的关系,见下面的定理 8.25.

定理 8.25 设 G^* 是连通平面图 G 的对偶图,n^*,m^*,r^* 和 n,m,r 分别为 G^* 和 G 的顶点数、边数、面数,则

(a) $n^* = r$;

(b) $m^* = m$;

(c) $r^* = n$.

证明 由 G^* 的构造可知,(a),(b)显然成立.

下证(c).由于 G 与 G^* 都连通,因此它们皆满足欧拉公式,即有

$$n - m + r = 2, \quad n^* - m^* + r^* = 2.$$

由此可知

$$r^* = 2 + m^* - n^* = 2 + m - r = n.$$

定义 8.30 设 G^* 是平面图 G 的对偶图.若 $G^* \cong G$,则称 G 为自对偶图.

在 $n-1(n \geq 4)$ 边形内放置一个顶点,使该顶点与 $n-1$ 个顶点均相邻,所得的图称为 n 阶轮图,记为 W_n.可以证明,轮图都是自对偶图.

利用对偶图,我们可以看到,地图的着色问题可以归结为平面图顶点的着色问题.以下主要讨论无向无环图顶点的着色问题.

定义 8.31 给无向无环图 G 的每个顶点涂上一种颜色,使相邻的顶点着不同的颜色,称为对 G 的一种着色.若能用 k 种颜色给 G 的顶点着色,则称 G 是 k 着色的.若 G 是 k 着色的,但不是 $k-1$ 着色的,则称 G 是 k 色图,并称这样的 k 为 G 的着色数,记作 $\chi(G) = k$.

易知,以下三个定理均成立.

定理 8.26 $\chi(G) = 1$ 当且仅当 G 是零图.

定理 8.27 $\chi(K_n) = n$.

定理 8.28 设无向无环图 G 中至少含有一条边,则 $\chi(G) = 2$ 当且仅当 G 为二部图.

定理 8.29 对于任意无向无环图 G,有

$$\chi(G) \leq \Delta(G) + 1$$

证明 设 G 的阶为 n.对 G 的阶 n 做数学归纳法.

当 $n = 1$ 时,显然结论成立.

假设 $n = k(k \geq 1)$ 时结论成立.当 $n = k+1$ 时,设 v 为 G 中任一顶

点,令 $G_1 = G - \{v\}$,则 G_1 的阶为 n. 由归纳假设知

$$\chi(G_1) \leqslant \Delta(G_1) + 1 \leqslant \Delta(G) + 1.$$

当将 G_1 还原成 G 时,由于 v 至多与 G_1 中 $\Delta(G)$ 个顶点相邻,而在 G_1 的顶点着色中,$\Delta(G)$ 个顶点至多用了 $\Delta(G)$ 种颜色,因此在 $\Delta(G) + 1$ 种颜色中至少存在一种颜色,使得用此颜色给 v 着色时,v 与相邻顶点着不同颜色. 这说明 $n = k + 1$ 时结论也成立.

综上所述,由数学归纳法知结论成立.

判断任一无向无环图 G 是否为 k 色图是较为困难的. 但是,我们可以用韦尔奇·鲍威尔(Welch Powell)法对 G 的顶点进行着色,具体步骤如下:

① 将 G 中的顶点按度数的递减次序进行排列;

② 用第一种颜色对第一个顶点着色,并且按排列次序,对与前面着色顶点不相邻的每个顶点着上同样的颜色;

③ 用第二种颜色对尚未着色的顶点重复第②步,继续这样的做法,直到所有的顶点全部着上色为止.

定理 8.30   任何平面图都是 5 色图.

定理 8.30 的证明略.

习题 8.6

1. 证明:在 $n(n \geqslant 3)$ 阶简单平面图中,面数 $r \leqslant 2n - 4$.

2. 证明:若 G 是每个面至少由 $k(k \geqslant 3)$ 条边围成的连通平面图,则

$$m \leqslant \frac{k(n-2)}{(k-2)},$$

其中 n, m 分别是 G 的顶点数和边数.

3. 证明:

(a) 对于 5 阶无向完全图 K_5 的任一边 e,$K_5 - e$ 是平面图;

(b) 对于完全二部图 $K_{3,3}$ 的任一边 e,$K_{3,3} - e$ 是平面图.

4. 画出所有非同构的 6 阶简单连通非平面图.

5. 验证轮图 W_5 和 W_6 是自对偶图.

6. 证明:如果含有 m 条边的 n 阶平面图是自对偶图,则

$$m = 2n - 2.$$

7. 求图 8-33 所示无向无环图 G_1 和 G_2 的着色数.

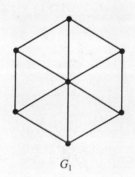 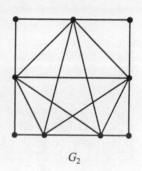

G_1 G_2

图 8-33

8. 设 G 是 $n(n \geqslant 11)$ 阶无向简单图,证明: G 或 $\overline{G}$ 必为非平面图.

§ 8.7 树

树是图论中最重要的概念之一,应用非常广泛.同时,树也是一种特殊的图.常用字母 T 来表示树.树包括无向树和有向树.下面先介绍无向树.

定义 8.32 无回路的无向连通图,称为无向树.若无向图 G 至少有两个连通分支,且每个连通分支均为无向树,则称 G 为森林.

在无向树中,悬挂顶点称为树叶,度数大于或等于 2 的顶点称为分支点.

无向树有些等价定义,见下面的定理.

定理 8.31 设 G 是含有 m 条边的 n 阶无向图,则下列命题是等价的:

(a) G 是无向树;

(b) G 中任意两个顶点之间存在唯一的通路;

(c) G 中无回路,且 $m = n - 1$;

(d) G 是连通的,且 $m = n - 1$;

证明 只证(a)与(b)等价,其他的证明留作练习.

(a)$\Rightarrow$(b):设 G 是无向树.由 G 的连通性知, G 中任意两个顶点 u, v 之间均有通路.若顶点 a, b 之间存在两条通路,则这两条通路必可以构成一条回路,矛盾.

(b)$\Rightarrow$(a):设无向图 G 中任意两个顶点之间存在唯一通路,则 G

是连通的.又因只有一条通路,故 G 不含有回路,从而 G 是无向树.

定理 8.32　设 T 是 n 阶非平凡的无向树,则 T 中至少有两片树叶.

证明　设 T 有 x 片树叶.由握手定理及定理8.31得

$$2(n-1) = \sum_{i=1}^{n} d(v_i) \geqslant x + 2(n-x),$$

其中 $v_i (i=1,2,\cdots,n)$ 为 T 的顶点,故 $x \geqslant 2$.

定义 8.33　设 T 是无向图 G 的子图且为无向树,则称 T 为 G 的树.若 G 也是无向树,则称 T 为 G 的子树.若 T 是 G 的树且为生成子图,则称 T 是 G 的生成树.设 T 是 G 的生成树.对于任意 $e \in E(G)$,若 $e \in E(T)$,则称 e 为 T 的树枝;否则,称 e 为 T 的弦.由 T 的所有弦组成的集合,称为 T 的余树或补,记为 $\overline{T}$.

定理 8.33　无向图 G 具有生成树当且仅当 G 是连通图.

证明　必要性显然成立,只需证明充分性.

若 G 中无回路,则 G 为自己的生成树.若 G 中含有回路.删去该回路的任一边,直到无回路为止,此时所剩的图无回路、连通且为 G 的生成子图,从而为 G 的生成树.

推论 1　设 G 是含有 m 条边的 n 阶无向连通图,则

$$m \geqslant n-1.$$

证明　设 G 有生成树 T,则

$$m = |E(G)| \geqslant |E(T)| = n-1.$$

推论 2　设 G 是含有 m 条边的 n 阶无向连通图,T 为 G 的生成树,则 T 有 $m-n+1$ 条弦.

推论 3　设 T 是无向连通图 G 的生成树,$\overline{T}$ 为 T 的余树,C 为 G 中任一圈,则

$$E(\overline{T}) \bigcap E(C) \neq \varnothing.$$

证明　若 $E(\overline{T}) \bigcap E(C) = \varnothing$,则 $E(C) \subseteq E(T)$.这说明 C 为 T 中的圈,与 T 为树矛盾,所以

$$E(\overline{T}) \bigcap E(C) \neq \varnothing.$$

下面讨论求连通赋权图的最小生成树问题.为此,先给出最小生成树的概念.

定义 8.34　设无向连通赋权图 $G = \langle V, E, w \rangle$,$T$ 为 G 的生成树.T 的各边权之和,称为 T 的权,记作 $w(T)$.G 的所有生成树中权最小的生成树,称为 G 的最小生成树.

在给定的一个无向连通赋权图 G 中,求最小生成树的有效算法是下面的克鲁斯克尔(Kruskal)算法.

设 G 含有 n 个顶点,m 条边. 将 G 中所有边按权的大小次序进行排列,不妨设 $w(e_1) < w(e_2) < \cdots < w(e_m)$. 克鲁斯克尔算法如下:

① 选取权最小的边 e_1,置边数 $i \leftarrow 1$;

② 若 $i = n-1$,则结束;否则,转到第③步;

③ 设已选择边为 $e_1, e_2, \cdots, e_i$,在 G 中选取不同于 $e_1, e_2, \cdots, e_i$ 的边 e_{i+1},使得 $\{e_1, e_2, \cdots, e_i, e_{i+1}\}$ 中无回路,且 e_{i+1} 是满足此条件的权最小的边;

④ 置边数 $i \leftarrow i+1$,转到第②步.

上述算法是正确的,理由如下:

(a) 按上述算法,由边集 E 所导出的子图 T 是 G 的生成树.

事实上,根据上述算法得到的 T 是有 n 个顶点和 $n-1$ 条边且无简单回路的图,因而它是树. 另外,T 包含了 G 的所有顶点. 所以,T 是 G 的生成树.

(b) T 是最小生成树.

事实上,设 T' 是最小生成树,而 T 不是,则存在一条边 $e \in T'$,但 $e \notin T$. 把 e 加到 T 上得到一条简单回路 C. 由上述算法知,e 是 C 中权最大的边,否则不会导出 T. 而 C 中权最大的边 e 不应在最小生成树 T' 中,这与 $e \in T'$ 矛盾. 所以,T 是最小生成树.

例 8.20　在图 8-34 中,由克鲁斯克尔算法可知,无向连通赋权图 G 的边 (a,b),(a,c),(c,e),(e,f),(e,d),(e,g),(d,h) 构成 G 的最小生成树.

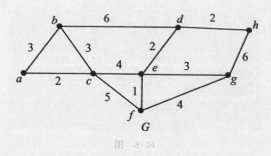

图　8-34

注意　上述算法中假设各边的权全不相同. 实际上,这种算法也适用于任意权的情况,只是所求得的最小生成树可能不唯一.

设 D 是有向图. 若 D 的底图是无向树,则称 D 为**有向树**. 类似于无向树,可以定义有向树的子树,这里不再赘述. 在有向树中,根树最重要,所以我们只讨论根树.

定义 8.35　设 T 是 $n(n\geqslant 2)$ 阶有向树.若 T 中有一个顶点的入度为 0,其余顶点的入度均为 1,则称 T 为**根树**.入度为 0 的顶点,称为**树根**;入度为 1,出度为 0 的顶点,称为**树叶**;入度为 1,出度不为 0 的顶点,称为**内点**.内点和树根统称为**分支点**.从树根到 T 的任意顶点 v 的路径长度,称为 v 的**层数**.T 的层数最大的顶点的层数,称为 T 的**高度**.

在根树中,由于各有向边的方向是一致的,所以画根树时,将树根画在最上方.

例 8.21　对于图 8-35 给出的根树 T,a 为树根,b,c,d 的层数均为 1,而 e,f,g,h 的层数均为 2.

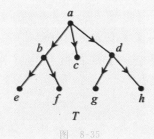

图　8-35

从根树的结构中可以看到,根树中除了树叶外的每个顶点都可看作根树中某一棵子树的树根.

设 a 是一棵根树的分支点.若从 a 到顶点 b 有一条边,则称 b 为 a 的**儿子**,或称 a 为 b 的**父亲**.假若从 a 到顶点 c 有一条单向通路,则称 a 为 c 的**祖先**,或称 c 为 a 的**后裔**.称同一个分支点的儿子为**兄弟**.为了指明同一层上的顶点从左到右出现的次序不同,可以指定根树中顶点或边的次序,这种根树称为**有序树**.

定理 8.34　设 T 是根树,树根是 a,并设 r 是 T 的任一顶点,则从 a 到 r 有唯一的有向路径.

证明　由根树定义知,存在从 a 到 r 的一条有向路径.

假设从 a 到 r 有两条不同的有向路径:

$$P_1:(a=a_0,a_1,a_2,\cdots,a_n=r);$$
$$P_2:(a=b_0,b_1,b_2,\cdots,b_m=r).$$

这是两端相同的两条有向路径,于是有如下两种情况:

(a) 存在一个非负整数 k,$0\leqslant k<\min\{m,n\}$,使得当非负整数 $i\leqslant k$ 时,$a_{n-i}=b_{m-i}$,而 $a_{n-k-1}\neq b_{m-k-1}$,此时顶点 a_{n-k}(即 b_{m-k})的入度是 2,

与根树的定义矛盾;

(b) 当 $i=\min\{n,m\}$ 时,有 $a_{n-i}=b_{m-i}$,而 $n\neq m$,此时树根有非零的入度,也与树根的定义矛盾.

所以,不可能有两条不同的有向路径.

定理 8.35　设根树 $T=\langle V,E\rangle$,$|V|=n$,$|E|=m$,则
$$m=n-1.$$

证明　因为除了树根外,每个顶点的入度为 1,即每个顶点对应一条边,所以
$$m=n-1.$$

定理 8.36　$n(n\geqslant3)$ 阶根树的 $k(2\leqslant k\leqslant n)$ 阶子树是根树.

证明　设 S 是 n 阶根树 T 的 k 阶子树.由于 T 是根树,故 S 中必有一个处于最高层的顶点,不妨设为 a.

树中不存在回路,所以 a 的后裔不可能是 a 的祖先.这样,S 中没有 a 的祖先存在,因而在 S 中 a 的入度为 0.

S 中 a 以外的顶点都是 a 的后裔,故对根树 T 而言,从 a 到其余顶点都有一条有向路径 P.显然,P 所经过的顶点都是 a 的后裔,它们全在 S 中,因而 P 也在 S 中.所以,对子树 S 而言,从 a 到 S 中的其余顶点也有一条有向路径.

因为从 a 到 S 中其余顶点都有一条有向路径,所以 S 中 a 以外其余顶点的入度不少于 1,但 S 是 T 的子图,其顶点的入度不能多于 1,于是 a 以外其余顶点的入度都是 1.

综上所述,子树 S 也是根树.

在一棵根树中,若每个顶点的出度小于或等于 m,则称这棵根树为 m 元树;若每个顶点的出度恰好等于 m 或 0,则称这棵根树为**完全 m 元树**或**正则 m 元树**.特别地,称完全二元树为**二叉树**.

定理 8.37　设 T 为任一完全 m 元树,其树叶数为 t,分支点数为 i,则
$$(m-1)i=t-1.$$

证明　可以把完全 m 元树看作每局有 m 位选手参加比赛的单淘汰赛计划表,树叶数 t 表示参加比赛的选手数,分支点数 i 表示比赛的局数.因每局比赛将淘汰 $m-1$ 位选手,故比赛结果共淘汰 $(m-1)i$ 位选手,最后剩下一位冠军.因此
$$(m-1)i+1=t,$$

即
$$(m-1)i = t-1.$$

在计算机应用中,还常常需要考虑二元树的通路长度问题.

在根树中,一个顶点的通路长度,就是从树根到该顶点的通路所含的边数.我们将分支点的通路长度称为内部通路长度,树叶的通路长度称为外部通路长度.

定理 8.38　若二叉树 T 有 n 个分支点,且内部通路长度的总和为 I,外部通路长度的总和为 J,则
$$J = I + 2n.$$

证明　对分支点数 n 做数学归纳法.

当 $n=1$ 时,$J=2$,$I=0$,故 $J=I+2n$ 成立.

设 $n=k-1$ 时结论成立.当 $n=k$ 时,若删去一个分支点 v,该分支点与树根的通路长度为 l,且 v 的两个儿子是树叶,得到新二叉树 T'.将 T' 与原二叉树比较,它减少了两片长度为 $l+1$ 的树叶和一个长度为 l 的分支.因为 T' 有 $k-1$ 个分支点,所以
$$J' = I' + 2(k-1),$$
其中 J',I' 分别是二叉树 T' 的外部通路长度的总和与内部通路长度的总和.但在原二叉树中,有
$$J = J' + 2(l+1) - l = J' + l + 2, \quad I = I' + l.$$
代入 $J' = I' + 2(k-1)$,得
$$J - l - 2 = I - l + 2(k-1),$$
即
$$J = I + 2k.$$

综上所述,由数学归纳法知结论成立.

我们常常用有向树来表示离散结构的层次关系,如行政组织、家谱、分类等.另外,可以用二元树来表示算术表达式.例如,算术表达式 $a+(b-(c \times d + e/f))$ 可以用图 8-36 给出的二元树来表示.这里要注意的是,所有运算对象都处于树叶位置,运算符处于分支点位置,括号不表示,计算次序按路径长度来确定,长度大的先计算.

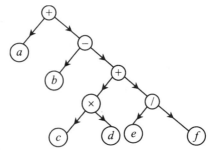

图　8-36

最后,我们简单介绍一下应用比较广泛的最优二叉树.

定义 8.36 设二叉树 T 有 t 片树叶 $v_1,v_2,\cdots,v_t$,它们的权分别为 $w_1,w_2,\cdots,w_t$,称

$$w(T) = \sum_{i=1}^{t} w_i l(v_i)$$

为 T 的权,其中 $l(v_i)(i=1,2,\cdots,t)$ 是 v_i 的层数. 在所有含有 t 片树叶,带权 $w_1,w_2,\cdots,w_t$ 的二叉树中,权最小的二叉树称为最优二叉树.

利用下面的哈夫曼(Huffman)算法可以求出最优二叉树.

给定实数 $w_1,w_2,\cdots,w_t$,且 $w_1 \leqslant w_2 \leqslant \cdots \leqslant w_t$. 哈夫曼算法如下:

① 连接权为 w_1,w_2 的两片树叶,得到一个分支点,其权为 w_1+w_2;

② 在 $w_1+w_2,w_3,\cdots,w_t$ 中选出两个最小的权,连接它们对应的顶点,得到新分支点及所带的权;

③ 重复第②步,直到形成 $t-1$ 个分支点,t 片树叶为止.

例 8.22 求树叶带权 $1,2,3,4,5$ 的最优二叉树 T.

解 利用哈夫曼算法,得到最优二叉树 T 为如图 8-37(d)所示,它的权为 $w(T)=33$.

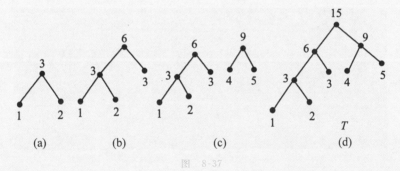

图 8-37

 习题 8.7

1. 当且仅当无向连通图的每条边均为割边时,该连通图才是无向树.

2. 若无向树 T 有 2 个度数为 2 的顶点,1 个度数为 3 的顶点,3 个度数为 4 的顶点,问:T 有几个度数为 1 的顶点?

3. 若无向树 T 有 5 片树叶,3 个 2 度分支点,其余分支点都是 3 度顶点,问:T 有几个顶点?

4. 若无向树 T 有 $n_i(i=2,3,\cdots,k)$ 个 i 度分支点,其余顶点都是树叶,问: T 有几片树叶?

5. 对于图 8-38 给出的无向连通赋权图 G,利用克鲁斯克尔算法求它的一棵最小生成树.

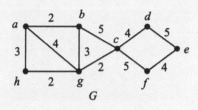

图　8-38

6. 根据有向简单图的邻接矩阵,如何确定有向简单图是否为根树? 如果它是根树,如何确定它的树根和树叶?

7. 若一棵二元树有 n 个顶点,问: 这棵二元树的高度 h 最大是多少? 最小是多少?

8. 证明: 在二叉树中,边的总数等于 $2(n-1)$,这里 n 是树叶数.

9. 画出一棵树叶带权 $3,4,5,6,7,8,9$ 的最优二叉树,并计算它的权.

10. 用有序树表示下列命题公式:

(a) $(P \vee Q) \rightarrow (\neg P \wedge Q)$;

(b) $(P \wedge (\neg P \vee Q)) \rightarrow (P \vee \neg Q \vee R)$.

符 号 表

数理逻辑

符号	含义
T	真命题
F	假命题
$\neg P$	命题 P 的否定式
$P \wedge Q$	命题 P 与 Q 的合取式
$P \vee Q$	命题 P 与 Q 的析取式
$P \rightarrow Q$	命题 P 与 Q 的条件式
$P \leftrightarrow Q$	命题 P 与 Q 的双条件式
$A \Leftrightarrow B$	公式 A 与 B 等价
$A \Rightarrow B$	永真蕴含式,公式 A 永真蕴含公式 B
$P \overline{\vee} Q$	命题 P 与 Q 的排斥析取
$P \nrightarrow Q$	命题 P 与 Q 的条件否定式
$P \uparrow Q$	命题 P 与 Q 的与非式
$P \downarrow Q$	命题 P 与 Q 的或非式
A^{*}	公式 A 的对偶式
$\forall$	全称量词
$\exists$	存在量词

集合论初步

符号	含义
$\mathbb{Z}$	整数集
$\mathbb{N}$	自然数集
$\mathbb{Q}$	有理数集
$\mathbb{R}$	实数集

$\mathbb{C}$	复数集
$a \in A$	a 属于集合 A
$a \notin A$	a 不属于集合 A
$\varnothing$	空集
$A \subseteq B$	集合 A 是集合 B 的子集
$A \subset B$	集合 A 是集合 B 的真子集
U	全集
$|A|$	有限集 A 的基数
$P(A)$	集合 A 的幂集
$A \cup B$	集合 A 与 B 的并
$A \cap B$	集合 A 与 B 的交
$A - B$	集合 A 与 B 的差
$\overline{A}$	集合 A 的补
$A \times B$	集合 A 和 B 的笛卡儿积
A^n	n 个集合 A 的笛卡儿积
$\mathrm{dom}R$	二元关系 R 的定义域
$\mathrm{ran}R$	二元关系 R 的值域
$\mathrm{fld}R$	二元关系 R 的域
E_A	集合 A 上的全域关系
I_A	集合 A 上的恒等关系
R^{-1}	二元关系 R 的逆关系
$R \circ S$	二元关系 R 和 S 的复合
R^n	二元关系 R 的 n 次幂
$r(R)$	二元关系 R 的自反闭包
$s(R)$	二元关系 R 的对称闭包
$t(R), R^+$	二元关系 R 的传递闭包
$tr(R), R^*$	二元关系 R 的自反传递闭包
$[x]_R$	元素 x 关于二元关系 R 的等价类
A/R	集合 A 关于二元关系 R 的商集
$x \equiv y (\mathrm{mod}\ k)$	x 与 y 模 k 同余
$\leqslant$	偏序关系
$\mathrm{lub}B$	集合 B 的上确界
$\mathrm{glb}B$	集合 B 的下确界
χ_A	集合 A 的特征函数

$g \circ f$	函数 f 和 g 的复合
f^{-1}	函数 f 的逆函数

代数结构

符号	含义
$\widetilde{\mathbb{Z}}_n$	集合 $\{0,1,2,\cdots,n-1\}$
$\mathbb{Z}_n$	由模 n 的同余类构成的集合,即 $\{[0],[1],\cdots,[n-1]\}$
$+_n$	模 n 的加法
$\times_n$	模 n 的乘法
$\gcd(x,y)$	x,y 的最大公约数
$H \leqslant G$	H 是群 G 的子群
aH	子群 H 关于 a 的左陪集
Ha	子群 H 关于 a 的右陪集
$H \triangleleft G$	H 是群 G 的不变子群
$\mathrm{Ker}(f)$	同态 f 的同态核
$\mathrm{lcm}(x,y)$	x,y 的最小公倍数
$a \vee b$	$\{a,b\}$ 的上确界
$a \wedge b$	$\{a,b\}$ 的下确界
a'	a 的补元

图论

符号	含义
$V(G)$	图 G 的顶点集
$E(G)$	图 G 的边集
$d(v)$	顶点 v 的度数
$\Delta(G)$	图 G 的最大度,即 $\max\{d(v)\,|\,v \in V(G)\}$
$\delta(G)$	图 G 的最小度,即 $\min\{d(v)\,|\,v \in V(G)\}$
K_n	n 阶无向完全图
$\omega(G)$	图 G 的连通分支数
$k(G)$	无向图 G 的点连通度,即 $\min\{|V_1|\,|\,V_1$ 是图 G 的点割集 $\}$
$\lambda(G)$	无向图 G 的边连通度,即 $\min\{|E_1|\,|\,E_1$ 是图 G 的边割集 $\}$
$d(u,v)$	顶点 u 与 v 之间的距离
$\boldsymbol{A}(G)$	图 G 的邻接矩阵
$\boldsymbol{P}(G)$	图 G 的可达性矩阵

$\boldsymbol{M}(G)$	图 G 的完全关联矩阵
$(\boldsymbol{A}(G))^{(i)}$	在布尔运算意义下 $\boldsymbol{A}(G)$ 的 i 次幂
$K_{r,s}$	完全二部图
G^{*}	平面图 G 的对偶图
$\chi(G)$	无向无环图 G 的着色数
$w(T)$	二叉树 T 的权

参 考 文 献

[1] 科尔曼,等.离散数学结构：第 3 版：英文[M].影印本.北京：清华大学出版社,1997.

[2] 耿素云,屈婉玲.离散数学[M].北京：高等教育出版社,1998.

[3] 王湘浩,管纪文,刘叙华.离散数学[M].北京：高等教育出版社,1983.

[4] 左孝凌,李为鑑,刘永才.离散数学[M].上海：上海科技文献出版社,1982.

[5] 董晓蕾,曹珍富.离散数学[M].北京：机械工业出版社,2009.

[6] 王瑞胡,罗万成.离散数学及其应用[M].北京：清华大学出版社,2014.

[7] 王树禾.图论及其算法[M].合肥：中国科学技术大学出版社,1990.

[8] 刘爱民.离散数学[M].北京：北京邮电大学出版社,2004.